ullstein

Das Buch

»Ich liebe Hunde, weil es so leicht ist, mit ihnen zu leben: Sie begrüßen jeden Tag mit unerhörter Freude darüber, dass sie wieder mit dabei sein dürfen. Ich halte Hunde dabei nicht für die besseren Menschen, allerdings glaube ich wirklich, dass sie aus uns bessere Menschen machen.« Katharina von der Leyen ist Deutschlands beliebteste Hundekolumnistin, ihre klugen, pointierten Texte über Freud und Leid als Hundehalter begeistern seit vielen Jahren Millionen Leser. In diesem Band sind ihre besten Geschichten erstmals versammelt – Lustiges, Verrücktes und auch Peinliches aus dem Alltag einer Hundenärrin.

Die Autorin

Katharina von der Leyen ist erfolgreiche Autorin von mehreren Hunderatgebern und schreibt seit vielen Jahren für deutsche Magazine und Zeitungen, u. a. für die *Frankfurter Allgemeine Sonntagszeitung*, den *Tagesspiegel* und *Dogs*. Ihre Kolumne »Mein Hundeleben« in der *Bild am Sonntag* hat Kultstatus.

Katharina von der Leyen

Der Witz mit Fritz und dem Sitz

Mein Hundeleben

Ullstein

Besuchen Sie uns im Internet:
www.ullstein-taschenbuch.de

MIX
Papier aus verantwortungsvollen Quellen
FSC® C006701

Originalausgabe im Ullstein Taschenbuch
1. Auflage Oktober 2011

Umschlaggestaltung: ZERO Werbeagentur, München
Titelillustration: © gettyimages / BLOOMimage
Gesetzt aus der ITC Legacy Serif
Satz: Pinkuin Satz und Datentechnik, Berlin
Papier: Pamo Super von Arctic Paper Mochenwangen GmbH
Druck und Bindearbeiten: CPI – Ebner & Spiegel, Ulm
Printed in Germany
ISBN 978-3-548-37411-6

Vorwort oder Das Netzwerk mit der kalten Schnauze

Wer Hunde hält, begräbt damit alle Aussichten, eine anonyme, zurückgezogene Existenz zu führen.

Das hat nichts damit zu tun, dass man mit Steuermarke und Microchip unter der Haut seines Vierbeiners ein offenes Buch für die Behörden ist. Wenn ich mit meinen Hunden spazieren gehe, bekomme ich in etwa ein Gefühl dafür, wie es sein muss, mit einem Prominenten verheiratet zu sein. Oder eher: Mit vier bis fünf Prominenten. Wildfremde Menschen sehen mir mit offenem Mund nach, Kinder zeigen auf mich: »Mami, guck mal da vorne: Die Frau hat so viele Hunde!«, andere wechseln die Straßenseite, und wenn ich mit dem Fahrrad unterwegs bin, bringe ich an Kreuzungen regelmäßig den Verkehr zum Erlahmen. Ganz erklären kann ich mir das eigentlich nicht, ich gehe schließlich nur mit fünf Hunden spazieren, nicht mit acht Lamas.

Wer Hunde hält, betritt damit eine Art Nebenwelt, in der man vor Absurditäten aller Arten nicht mehr sicher ist. Schon mit einem Hund ist man unglaublich ansprechbar, Abgrenzungen sind unmöglich, man wird automatisch und ungefragt zum Gesprächspartner und Frustrationsableiter, also: als echtes Gegenüber wahrgenommen. Ich glaube zwar, dass Hunde uns zu besseren Menschen machen können, aber nicht notwendigerweise aus jedem das Beste im Menschen herausbringen: Mit Hund am Band wird man umgehend Empfänger jeglicher Sorten von Ratschlägen – gut wie böse gemeinter. Ungefiltert erlebt man Einmischung, offene Ablehnung, Hundehass und Affenliebe.

Wenn ich umziehe – was ich relativ häufig tue –, gibt es nach zwei Monaten niemanden mehr in meinem Stadtteil, der mich nicht kennt und umgekehrt. Für die letzte nächtliche Runde brauche ich Ewigkeiten, weil ich auf der Straße so viele andere Leute mit Hund treffe. Streng nach der merkwürdigen Etikette, die unter Hundebesitzern herrscht: Wir stellen uns nicht selbst vor, nur unsere Hunde. Meine Hunde kennen also Holly, Diego, Tally und Jerry, aber ich habe nicht die geringste Ahnung, wie deren Besitzer heißen. Dabei sind wir unerhört offen im Umgang miteinander: Wir führen tiefgehende Gespräche über das Weltgeschehen und haben keinerlei Geheimnisse, was das Innen- und Intimleben der eigenen Hunde betrifft – auch wenn wir einander ohne Hund im Schlepptau niemals wiedererkennen würden. Tatsache ist: Die meisten Hundebesitzer sind nette Leute. Der Umgang mit ihnen ist leicht. Sie wissen eine Menge darüber, warum sie machen, was sie machen, weil sie das alles aus Hundebüchern gelernt haben. Wir wissen alles über dominantes Auftreten und Deeskalationsmöglichkeiten, Gruppenpsychologie, Augenkontakt und Beschwichtigungsgesten, Territoriumsgehabe oder sexuelles Besitzverhalten. Neulich sprach ich in München zwei Männer an, beide in schwarzes Leder gekleidet und von oben bis unten mit Körperpiercings und Tätowierungen verziert, was normalerweise nicht in mein Beuteschema fällt. Aber sie führten ein Italienisches Windspiel an der Leine, und so wurden wir in null Komma nichts zu lebenslangen Verbündeten unserer geteilten Stubenreinheitserfahrungen.

Ich liebe Hunde dafür, dass es so leicht ist, mit ihnen zu leben: Sie begrüßen jeden Tag mit geradezu unglaublicher Freude darüber, dass sie auch diesmal wieder mit dabei sein dürfen. Ich liebe das Leben mit Hunden, weil es so voller Geschichten ist: Die Absurdität des Alltags potenziert sich, je mehr Hunde man mit sich führt. In meinem Fall sind es Luise und Ida, ein schwarzer und ein brauner Königspudel, Harry, ein Italienisches Windspiel mit leicht neurotischen Zügen, Fritz, ein so durch und durch un-neurotisches Exemplar der gleichen Art, dass man ihn für einen Labrador in Verkleidung halten könnte, und neuerdings George, ein Chihuahua-Papillon-Mischling, der so klein ist, dass er eigentlich nur als halber Hund gelten kann. Eine ausreichende Menge Absurditätspotential, könnte man sagen.

Dieses Buch ist eine Auswahl meiner Kolumnen aus der *Bild am Sonntag* und der Zeitschrift *Dogs*. Es beschreibt Situationen, die allen Hundebesitzern so oder ähnlich auch passieren. Oder passieren könnten. Es ist kein Ratgeber, sondern eine Art Trostbuch für alle jene, die glauben, nur ihnen passierten diese abstrusen Dinge. Keine Sorge, Sie sind nicht allein. Und das macht das Leben mit Hunden, Hundefreunden und Hundefeinden eigentlich noch viel komischer, als es sowieso schon ist.

Leben in Saus und Braus

Die meisten Hunde, die ich kenne, leben wie gefeuerte Vorstandsvorsitzende: Frei von jeglicher Verantwortung bekommen sie einen Bonus nach dem anderen und führen ein Leben in Saus und Braus. Sie tragen Halsbänder und Leinen passend zur menschlichen Garderobe, bekommen Hundespielzeug passend zur jeweiligen Entwicklungsphase und Hundebetten passend zum Wohnungsinterieur.

Der Witz ist natürlich: Die meisten Hunde wollen überhaupt kein weiches Hundebett – sie wollen in *unserem* Bett schlafen, und trotz bester menschlicher Vorsätze setzen die meisten Hunde dieses Konzept auch innerhalb der ersten sechs Monate unwiderruflich durch. Meine braune Pudelin Ida war sozusagen die Jennifer Lopez der Caniden: Ursprünglich aus einfachen Verhältnissen stammend, eignete sie sich schnell einen ganz selbstverständlichen Geschmack für teure Designerartikel an. Die vielen pädagogisch wertvollen Hundespielsachen, die den Boden meiner Wohnung bedecken, können sie nicht erfreuen, die artgerechten Kauartikel interessierten sie nie: Meine Sachen gefallen ihr besser. Allein in ihrem ersten Jahr zerkaute sie eine Lesebrille von Dolce & Gabbana inklusive Gläsern und drei Paar Pumps; ein Paar Prada-Stiefel gestaltete sie zu Sandalen um, von diversen BHs, die sie, noch ungetragen, direkt aus der Tüte gründlich zwischen ihren scharfen Zähnen zermalmte, ganz zu schweigen, nebst Stuhlbeinen, Taschen, Gürteln. Als Beilage fraß sie Klopapier.

Was die Grundnahrung unserer Hunde betrifft, bieten sich ganz andere Möglichkeiten, unglaubliche Mengen

Geld loszuwerden. Es gibt eine Trilliarde verschiedener Dosen- und Trockenfuttersorten, und es obliegt dem geschickten Fachberater, die teuerste Sorte an Herrchen oder Frauchen zu bringen. Hunde können das Zeug meist nicht ausstehen. Würden wir stattdessen Hunde einfach das fressen lassen, was sie unterwegs aufsammeln und für ihre natürliche Nahrung halten – ausgespuckte Kaugummis, vergammelte Döner, vor Wochen verstorbene Fische, benutzte Papiertaschentücher –, wir könnten unsere Hunde sehr glücklich machen. Selbst meinen eigenen ergeht es nicht besser: Unerbittlich nötige ich sie täglich, eigens aus England importiertes, kräuterhaltiges Futter aus richtig herumschwimmenden Lachsen und frei laufenden Rehen zu fressen. Es sieht aus wie Hasenköttel, schmeckt aber offensichtlich nicht so. Also rühre ich noch Hüttenkäse, Frischfleisch und Seealgenpulver darunter. Während sie das Ganze mit langen Zähnen verspeisen, träumen sie von Cheeseburgern und Schokoladenkuchen.

Warum wir Menschen gerade an dieser Stelle darauf beharren, dass wir für unsere besten Freunde nur das (aus unserer Sicht) Beste wollen, werden sie wohl nie verstehen.

Von Joggern und Kläffern

Wenn ich mit meinen Hunden spazieren gehe, ist es offenbar unmöglich, mich zu übersehen: Eine 1,80 große Frau mit zwei Großpudeln und zwei Italienischen Windspielen mag durchaus einigermaßen auffällig sein, aber es ist ja nicht so, als würde ich beim Gehen mit Orangen jonglieren und gleichzeitig meine Hunde durch brennende Reifen springen lassen. Und trotzdem bringt mein Anblick offenbar die Gemüter in Wallung – vielleicht nehme ich zu viel Raum weg, jedenfalls werde ich auf Schritt und Tritt angesprochen (»Das sind aber doch nicht alles Ihre, oder?«), belächelt oder angeschnauzt. Neulich änderte ein Jogger im Wald sogar extra seine Route und kam 80 Meter herangejoggt, um mich zu ermahnen, ich solle dafür sorgen, dass meine Hunde ihn nicht »anfielen«. Meine Hunde hatten sich bis dahin nicht im Geringsten um ihn gekümmert, sondern spielten ganz friedlich mit einem kleinen Jack-Russell-Terrier, den sie gerade kennengelernt hatten. Der Mann, jung, sportlich und dynamisch, wollte sich nicht ignorieren lassen und fing an, mir vom Leinenzwang im Wald zu erzählen. Meine Hunde waren noch immer nicht bereit, ihn nur eines Blickes zu würdigen, geschweige denn ihn anzubellen oder anzufallen. »Was wollen Sie eigentlich von mir?«, fragte ich irgendwann genervt, weil ich mich viel lieber mit dem Besitzer des Terriers unterhalten wollte. Der Jogger kläffte, ich solle gefälligst die Gesetze achten, und im Feld dürften Hunde nicht ohne Leine laufen, Hunde seien nun mal gefährlich. Ich fragte ihn, ob er auch hinter jedem Falschparker herrenne und ihn maßregele, und ob er eigentlich wisse, dass hier alles voller Wildschweine sei, und die seien nun *wirklich* gefährlich. Die Wildschweine waren ihm egal, aber mich wollte er auf der Stelle beim Förster anzeigen, damit er in Zukunft sicherer joggen könne.

Bis hierher war es ein schöner, friedlicher Sonntagmorgen gewesen, meine Hunde spielten, wir hatten niemanden behelligt, und ich musste mich trotzdem blöd von der Seite anmachen lassen, einfach nur, weil ich eine Angriffsfläche bot für jemanden, der offenbar zu wenig Sozialkontakt hatte oder dem das Joggen nicht ausreichte, seinen Frust abzulassen. In Bayern passiert derlei nicht: Da gibt es keine Leinengesetze, was die Menschen deutlich entspannter mit Hunden umgehen lässt, weil alle einander ähnliche Daseinsberechtigungen einräumen. Meine Theorie ist, dass zu viele Gesetze die Leute dumm und unselbständig werden lassen.

Neulich starrte mich ein älterer Mann böse an, zeigte auf meine (artig an der Leine gehenden) Hunde und sagte: »Kann ja wohl nicht wahr sein. Wieso schaffen Sie sich nicht noch mehr Hunde an, die die Landschaft zuscheißen? Wozu soll das gut sein?« Ich hatte noch gute Laune, also sagte ich: »Es ist erwiesen, dass Hundehalter gesünder sind, länger leben und weniger Herzprobleme haben, weil sie regelmäßig Bewegung haben. In der Nähe eines Haustieres zu sein kann Bluthochdruck senken, und wenn jemand sich mit seinem Hund beschäftigt, setzt das zentrale Nervensystem Hormone frei, die Wohlbefinden auslösen, wie z. B. Oxytocin, das soziale Interaktion beeinflusst. Sie sollten das unbedingt mal probieren.« Der Mann sagte gar nichts mehr.

Als wir wieder zu Hause waren, sah ich meine Hunde an und fragte sie ernsthaft: »Wozu *seid* ihr eigentlich gut?« Meine Hunde hopsten begeistert um mich herum, wackelten mit ihren Hinterteilen, grinsten, holten Spielsachen und warfen sie mir in den Schoß oder hauten sie einander um die Ohren; es war eine sehr vergnügte Angelegenheit. Und ich schämte mich für meine blöde Frage.

Stiller Sterbebegleiter

Wenn man über Hunde als Helden spricht, dann meistens von aufregenden, dramatischen Events, bei denen Hunde Ertrinkende retten oder gerade noch rechtzeitig einen

Selbstmörder aufspüren. Tatsächlich gibt es viele genauso heldenhafte, aber weitaus unspektakulärere Geschichten, in denen Hunde über ihre eigene Persönlichkeit hinauswachsen, um sich einer Situation anzupassen.

Ein solcher Hund war Toby, den ich vor vielen Jahren zusammen mit seinem Besitzer Paul in New York im Park kennenlernte. Toby war ein typischer junger Basenji, eine anmutige kleine afrikanische Rasse, die sehr aktiv ist – aktiv mit großem »A«, wenn Sie wissen, was ich meine. Basenjis bellen nicht, sind aber keineswegs geräuschlos. Je nach Laune glucksen, jodeln, heulen oder kreischen sie. Sie sind sehr sportlich, was bedeuten kann, dass sie auch gerne mal Bücherregale oder Esszimmertische erklimmen. Als Tobys Besitzer Paul an Aids erkrankte und immer mehr Zeit im Bett verbringen musste, leistete Toby ihm Gesellschaft. Der kaum zu bändigende junge Hund lag stundenlang bewegungslos auf Pauls Bett, den Kopf auf Pauls Brust. Eines der wenigen Dinge, die Paul kräftemäßig noch schaffte, war ein sehr langsames Spiel, bei dem Paul versuchte, an Tobys Barthaaren zu zupfen, was Toby nicht leiden konnte. Daraus wurde eine Art Spielkampf auf dem Bett in sehr langsamen, vorsichtigen Bewegungen – der wilde Toby hinterließ niemals auch nur den kleinsten Kratzer auf Pauls Hand. Für Paul dagegen war das Spiel mit Toby das Einzige, was ihn überhaupt noch interessierte – man hätte beinahe denken können: am Leben erhielt.

Je weiter Pauls Krankheit fortschritt, desto mehr beharrte Toby darauf, in Pauls Nähe zu bleiben. Wenn es Zeit fürs Gassigehen war, musste er vom Bett gehoben und nach unten getragen werden. Dort erledigte er in allerkürzester Zeit seine Geschäfte, raste zurück zum Haus und kratzte an der Tür. Sobald er drinnen war, stürmte er die Treppen hinauf, katapultierte sich aufs Bett und legte sich vorsichtig an Pauls von schwerer Krankheit gezeichneten

Körper. Dort blieb Toby, bis man ihn wieder zwang, seine Aufgabe wenigstens für kurze Zeit zu unterbrechen.

Zum Schluss, ganz am Ende, konnte Paul nicht mehr zu Hause bleiben, sondern musste ins Krankenhaus. Einmal schafften wir es, Toby in einer Tasche ins Krankenhaus zu schmuggeln, obwohl wir große Angst hatten, dass Toby vor lauter Glück, sein Herrchen wiederzusehen, fürchterlichen Krach machen würde – amerikanische Krankenhäuser sind nicht sehr kulant, was Hygienevorschriften betrifft (wir dachten uns: die paar Bakterien von der Straße werden ihn nicht gleich umbringen, der Hund ihn aber sehr froh machen). Toby machte keinen Laut, sondern lag auf Pauls zerrüttetem Körper und wedelte wie verrückt – der ganze Hund strahlte vor Glück. Auch Paul strahlte, so gut er das noch konnte. Es war das letzte Mal, dass er seinen kleinen, wilden Hund sah.

In den letzten Stunden seines Lebens, im Delirium und unter großen Schmerzen in einem Krankenhausbett meilenweit von zu Hause entfernt, spielte Paul mit einem eingebildeten Toby. In seiner Vorstellung und seinem Herzen war der kleine Hund bei ihm. Das hätte sich Toby auch gewünscht.

Der Bürohund-Knigge

Viele Hunde fragen sich immer wieder, wo der Mensch eigentlich von Montag bis Freitag jeden Tag ohne sie hingeht und machen sich geradezu verrückt mit ihren Vorstellungen: Geht der Mensch ohne sie in den Park? Amüsiert er sich ohne seinen eigenen Hund? Trifft der Mensch sich gar mit einem anderen Hund? Wann kommt er nach Hause? – Manche Hunde denken sich im Laufe eines Tages so sehr in Rage, dass sie ihrer wachsenden Anspannung ein Ventil geben müssen, indem sie beispielsweise Kissen zerfetzen oder die Tapete von der Wand reißen: Das ist auch gut so. Verhaltenstherapeuten bestätigen, dass solches Verhalten eine Verminderung des Stresslevels fördert. Die Methoden dafür sind sehr individuell; die einen brauchen Stille und machen auf dem Sofa oder dem Küchentisch meditative Übungen, die anderen suchen sich körperlichen Ausgleich: Hierdurch wird angestaute Energie abgebaut, man distanziert sich von seinen Problemen, und die Durchblutung von Muskulatur, Organen und Gefäßen verbessert sich.

Trotzdem ist es tröstlich zu hören, dass der Mensch sich keineswegs tagaus, tagein in Abwesenheit seines Hundes amüsiert. Der Mensch geht ins *Büro*, eine Art Zwinger für Menschen. Das Büro ist ein eingeschränkter Lebensraum, in dem die meisten Menschen mehr Zeit verbringen als irgendwo sonst (außer vielleicht in ihrem Bett, das sie aber gewöhnlich wenigstens mit ihrem Hund teilen). Er amüsiert sich dort durchaus nicht, sondern nimmt Kommandos von seinem »Chef« bzw. seiner »Chefin«, kurz: vom Alphatier entgegen, verhält sich möglichst eher devot und denkt den ganzen Tag daran, dass er lieber nach Hause zu seinem Hund möchte. Seine Belohnung für diese Art des Lebens ist ein bisschen Geld, das er meistens praktisch vollständig für seinen Hund ausgibt: Das allein sollte Grund genug für den Hund sein, seinen Menschen immer mit großer Wärme und der Zurschaustellung reinen Glücks über dessen Wiederkehr zu begrüßen.

Die Hunde, die das Glück haben, ihren Menschen auch ins Büro begleiten zu dürfen, haben derlei Sorgen natürlich nicht. Mit diesen »Bürobegleithunden« verhält es sich ähnlich wie mit Therapiehunden: Besonders umsichtige Alphatiere unter den Menschen haben erkannt, dass die Anwesenheit eines Hundes sich positiv auf das Arbeitsklima im Büro auswirkt, die Menschen sich weniger stark nach ihrem Zuhause sehnen und die Stimmung insgesamt entspannter ist. Bürohunde müssten eigentlich ihren von den Gemeinden vorgeschriebenen steuerlichen Status als »Luxushund« verlieren, denn ihnen obliegt eine große Verantwortung: Davon, wie umsichtig und kollegial sich der Hund im Büro verhält, hängt nicht selten die gesamte Karriere des dazugehörigen Menschen ab.

Es ist dem Hund davon abzuraten, den Flur des Büros als Rennstrecke zu verwenden (egal, wie scharf man die Kurven nehmen kann), Boten und Kuriere zu verbellen – (es könnte schließlich auch der Pizzabote sein) oder dem Chef/der Chefin im Laufe des Tages ein eingespeicheltes Spielzeug auf den Schoß zu legen, wenn ihm (also dem Hund) langweilig ist. Auch von offensivem Betteln ist abzuraten. Vielversprechend ist es hingegen, um die Mittagszeit mit eingezogenem Bauch seufzend durch die Flure zu schleichen oder ca. eine halbe Stunde *vor* dem Essen eine besonders weichherzige Person aus dem Büro mit Zärtlichkeiten zu überschütten. Sie wird einem garantiert die Hälfte von ihrem Hühnerbrust-Sandwich abgeben: Und zwar nicht aus Mitleid, sondern aus erwiderter, reiner und selbstloser Liebe.

Der Witz mit Fritz und dem Sitz

Hundebesitzer glauben sich stets von Hundefeinden umzingelt, aber anstrengender finde ich die Leute, die sich auf offener Straße als Hundeexperten outen. Da kann man noch so lange unbeschadet mit seinen Fiffis zusammengelebt haben – und trifft doch immer wieder Hundefreunde, die meinen, genau beurteilen zu können, was dem Hund fehlt, obwohl sie nichts über den Hund oder das Leben des anderen wissen und selbst kein Haustier haben.

Als meine braune Pudelin Ida ein Welpe war und das Gehen an der Leine lernen sollte, wehrte sie sich beim geringsten Zupfen am Halsband wie ein bockiges Fohlen, hopste herum, jammerte und warf sich zu Boden. Die Menschen auf der Straße blieben stehen und tuschelten. Ein fremder Herr mit der Aura eines Tigerbändigers meinte gönnerhaft, er würde mir mal zeigen, wie das ginge. Er stapfte drauflos, Ida stemmte sich mit den Hinterläufen dagegen, röchelte und galoppierte rückwärts. »Sie will einfach nicht an der Leine gehen«, sagte der Tigerbändiger, als hätten wir dieses Problem gerade erst entdeckt. Als er mir die Leine zurückgab, betrachtete er Ida, als habe sie einen Konstruktionsfehler.

Neulich stand ich mit meinen Hunden an der roten Ampel und ließ sie »Sitz!« machen, wie es sich für anständige Bürger gehört. Fritz, der damals erst sechs Monate alt war, setzte sich für einen Moment und stand sofort wieder auf. Nicht, weil er nicht wusste, was das Wort »Sitz!« bedeutet, sondern, weil ihm gerade nicht danach war (ein sechs Monate alter Hund hat etwa die geistige Reife eines Dreizehnjährigen. Eltern kennen das: Es ist die Phase, in der Kinder auf jede Bitte, die man an sie richtet, mit einem langgezogenen »Glei-heich!« antworten, worauf dann erst einmal überhaupt nichts passiert). Ich sagte wieder »Sitz!«, und Fritz setzte sich für eine Nanosekunde hin. Ein junger Mann, gutgekleidet und gutaussehend, wie jemand, der Audi fährt und sein Sozialleben im Griff hat, kam auf mich zu und sagte ohne Einleitung: »Es ist kalt. Die Hunde müssen sich nicht setzen, wenn es kalt ist.« – »Doch, müssen sie«, erwiderte ich und konzentrierte mich wieder auf den renitenten Fritz (zur Information: es waren sieben Grad über Null, nicht fünf Grad minus. Die Windspiele trugen dicke Mäntel, die über ihr Hinterteil reichten). Der Mann starrte mich böse an: »Setzen Sie sich doch selbst auf den kalten Boden!« – »Wollen Sie mir jetzt erklären, wie ich meine Hunde erziehen soll?«, fragte ich irritiert.

Fritz hatte sich mittlerweile entspannt hingesetzt, um das kleine Scharmützel nicht zu verpassen. »Das sind doch frei denkende Lebewesen!«, fauchte der Mann. »Aber auch nur, solange die frei denkenden Lebewesen Sie nicht beim Joggen jagen, oder?«, fragte ich. Er spuckte fast vor Wut. »Ich möchte ja nicht wissen, wie es in Ihrem Schlafzimmer zugeht!«, zischte er und überließ meine Hunde ihrem traurigen Schicksal.

Was mein – mittlerweile übrigens vorzüglich »Sitz!«-machender – Fritz mit meinem Schlafzimmer zu tun haben soll, ist mir immer noch schleierhaft. Sachdienliche Hinweise nehme ich jederzeit gerne entgegen.

Bauer sucht Streit – oder: Teure Hühner

Die meisten Menschen neigen dazu, sich in den Ferien völlig anders zu verhalten als zu Hause: Nur so ist z. B. der Erfolg von Jürgen Drews auf Mallorca zu erklären, oder warum Männer auf Geschäftsreisen viel gefährdeter sind, Affären mit fremden Frauen einzugehen als im heimischen Umfeld. Überraschend ist jedoch, dass offenbar auch Hunde das Gefühl haben, in den Ferien alle gesellschaftlichen Zwänge abstreifen zu können. Kürzlich war ich mit den Pudeln Luise und Ida in Tirol unterwegs: Dort herrschte noch Tiefschnee, den ich den beiden Windspielen ersparen wollte, die innerlich mit dem Winter bereits abgeschlossen hatten. Die Pudeltanten dagegen fanden es wundervoll und galoppierten elegant über die verschneiten Wiesen, balgten sich fotogen um gefrorene Stöcke, posierten anschließend graziös neben dem Hotelkamin und ließen sich anmutig von anderen Gästen das lockige Haar streicheln. Wenn ich angesprochen wurde, wie unerhört brav meine Hunde seien, lächelte ich selbstgefällig.

Spazierwege zu finden war nicht leicht, weil der Durchschnittstiroler nicht einfach so spazieren geht, und der Durchschnittslangläufer auf den Loipen keine Hunde neben sich duldet, ähnlich wie im richtigen Leben die Fahrradfahrer. Also hielten wir uns an die geräumten Straßen. Wenn wir an Bauernhöfen vorbeikamen, leinte ich die Pudel an, weil die schwarze Luise eine ähnliche Beziehung zu fremden Katzen hat wie Ida zu Kuhfladen: Sie hat sie zum Fressen gern. Wenn wir den Hof hinter uns gelassen hatten, durften sie wieder frei laufen. Dann kamen wir an einem Holzhof vorbei, der leer und verlassen aussah. Bis Luise um die Ecke plötzlich Leben entdeckte: Es fleuchte und gackerte, Federn flogen, ich brüllte, und Luise kam auch gleich zurück – allerdings hielt mein sonst so wohlerzogener Hund, den ich meist für mein besseres Selbst halte, ein Huhn im Maul, das nicht mehr ganz lebendig wirkte. Tiefbeschämt ging ich zurück zum davor liegenden Hof, um das Unglück zu beichten, wo der aufgebrachte Bauer schon auf mich zuschoss und tobte, er würde sofort die Gendarmerie rufen.

Keine Entschuldigung vermochte ihn zu besänftigen,

bis ich erklärte, dass ich selbstverständlich das Huhn bezahlen würde – wohl wissend, dass noch kein Hund irgendwo auf der Welt ein Huhn gefressen hat, dessen Wert sich durch die Bluttat nicht prompt verdreifacht hätte, und dass Tiroler außer Jodeln vor allem eines am besten können: Touristen über den Tisch ziehen. Ich war trotzdem überrascht, als der Bauer seinen Verlust mit zweihundertfünfzig Euro taxierte (auf dem Markt kostet ein Legehuhn ca. achtzehn Euro) – und zwar deshalb, weil seine Hühner nun so traumatisiert seien, dass sie mindestens acht Wochen lang keine Eier mehr legen würden (für zweihundertfünfzig Euro bekommt man ca. achthundert Eier: dies waren also eindeutig Ausnahmehühner), und außerdem würden die Federn, die das arme Huhn gelassen hatte, nun über die Wiese wehen (die noch tiefverschneit war), beim Mähen (frühestens im Mai) würden dann die Federn ins Grünzeug geraten und wenn die Rinder das mitfräßen, würden sie alle sterben. Offenbar musste das Heu also handgekämmt werden, daher der Aufpreis. Insofern hatte ich Glück, dass ich nicht den ganzen Hof kaufen musste.

Wir lernen daraus, dass es auch in den Ferien ratsam ist, die gute Erziehung nicht zu vergessen. Es zahlt sich einfach nicht aus.

Wo ist der Goldhase?

Traditionell kommt man an Ostern zusammen, um reinen Zucker mit chemischen Farbstoffen in Form von Küken und Eiern zu konsumieren: Fondant-Spiegeleier mit Schokoladenboden, Blätterkrokanteier. Dazu kommen Hefezopf, Osterschinken und natürlich bunte harte Eier, deren Eigelb an einer Seite meist leicht grünlich angelaufen ist. Das hat sicherlich mit dem Hartkochvorgang zu tun, oder vielleicht mit der schadstoffhaltigen Ostereierfarbe? Es hilft alles nichts: Im frühlingshaft bräunlichen Vorgartengras findet man keine Eier, die mit Karotten- oder Rote-Beete-Saft gesund gefärbt wurden.

Die religiösen Hintergründe des Osterfestes spielen heutzutage kaum noch eine Rolle; heute geht es praktisch ausschließlich ums Ostereiersuchen und darum, einen ganzen Tag lang von morgens bis abends zu essen, bis man schließlich taumelnd ins Bett fällt, immer noch an einem Osterzopf kauend, mit klebrigen rosa Zuckerresten und Schokolade im Haar. Traditionell ist Ostern auch eine extrem anstrengende Zeit für Hundebesitzer, denn: Genauso empfinden das auch Hunde. Für sie ist Ostern ein Riesenspaß: Essbares so weit das Auge reicht, in den meisten Stadtparks wird »Großes Ostereiersuchen« veranstaltet, und der Hundehalter, der nicht bereits im Morgengrauen mit dem Hündchen unterwegs war, um den eifrigen, ostereierversteckenden Eltern zuvorzukommen, muss im gestreckten Schweinsgalopp hinter seinem Hund herrasen, der die Nase immer am Boden hat und wie ein glücklicher Fährtensuchhund die Eier aufsammelt und sie der Einfachheit halber gleich mitsamt Stanniolpapier herunterschluckt, und zwar ganz. Ist der Hund erst auf den Geschmack gekommen, macht er auch vor fremden Kindern nicht mehr halt, nähert sich ihnen freundlich wedelnd, um ihnen erst die klebrigen Händchen abzulecken und dann, bald mutiger, gleich die komplette Sammlung Ostereier aus der Hand zu reißen. Der Hundebesitzer kommt immer zu spät. Entschuldigungen an die Eltern und Verwünschungen an den Hund richtend, rast er durch die Schneise der Verwüstung hinter seinem Fifi her und ist froh, wenn er Schlimmeres verhindern kann, denn: Schokolade ist für Hunde noch viel giftiger als für Kinder. Sie enthält Koffein und Theobromin. Beide Stoffe können zu schweren Herzproblemen führen. Zartbitter ist besonders gefährlich. Kleine Hunde von wenigen Kilogramm Körpergewicht können schon nach der Aufnahme von zwanzig bis dreißig Gramm sterben. Bei großen Hunden wie z. B. Schäferhunden sind hundertzwanzig bis zweihundertfünfzig Gramm gefährlich. Milchschokolade führt in etwa der zehnfachen Menge zum Tod. Bei Aufnahme einer geringeren Menge kommt es immerhin zu Magen-Darm-Problemen wie Durchfall und Erbrechen.

Vielleicht behalten Sie Ihre Hunde dieses Jahr einfach zu Hause? Auch das kann sich durchaus lohnen: Dort haben meine Hunde im vergangenen Jahr in einem unbewachten Moment – nämlich, als wir die Gäste mit großem Hallo willkommen hießen – den kompletten Osterbrunch-Tisch abgeräumt.

Noch Tage später konnten wir den Pudeln klebrige Zuckerreste, grünes Ostergras und Briochekrümel aus den Locken zupfen. Das war ein Fest.

Wie der Herr, so 's G'scherr

Es wird ja gerne behauptet, dass der Hundehalter im Laufe seines Lebens seinem Vierbeiner immer ähnlicher wird.

Ich kann das nicht bestätigen, obwohl ich wünschte, es wäre so: Weder kann ich ähnlich üppiges, lockiges Haupthaar wie meine beiden Pudeltanten vorweisen, noch kann meine Taille mit dem Körperbau und den Body-Mass-Indices meiner beiden durchtrainiert-mageren Windspiele mithalten. Im Advent sah ich zwischenzeitlich meinem Windspiel Harry nicht unähnlich, der aufgrund einer

Weihnachtskeks-Diät ein paar Wochen lang eher an ein pummeliges Walfischbaby erinnerte als an einen eleganten Windhund, aber mit Einbruch des Frühlings fand er zurück zu seiner alten rasanten Form, und jetzt haben wir höchstens noch die langen Beine gemeinsam. Als mein Mops Theo noch lebte, war auch in dieser Hinsicht keinerlei Ähnlichkeit festzustellen, und das war auch gut so: Es ist die größte Angst von Mopsbesitzern, irgendwann einmal so auszusehen wie der eigene Hund.

Der Spruch »Zeige mir deinen Hund, und ich sage dir, wer du bist« führt haufenweise zu Missverständnissen. Ein Mann mit Dackel wird dementsprechend als traditionell, tolerant und biergartenorientiert wahrgenommen, Schäferhundhaltern unterstellt man Konservatismus und einen Polizistenkomplex, während man Labradorbesitzer automatisch für Geländewagenfahrer und Landhausbewohner hält. Manchmal erlebt man aber auch Überraschungen, und die eigenen Vorurteile werden widerlegt: Da trifft man einen Pitbull-Besitzer und ist ganz erstaunt, dass er in seiner Jackentasche keine Drogen, sondern Gedichte von Pablo Neruda mit sich herumträgt.

Ich persönlich scheine mich nach dreißig Jahren Hundehaltung dem Hund immer mehr anzupassen – jedenfalls, was gewisse Eigenschaften und Rituale betrifft. Hunde sind Gewohnheiten noch stärker unterworfen als der Mensch – bei erwachsenen Hunden sind diese so fest verankert, dass man sie ihnen kaum wieder austreiben kann: Bis auf die Minute genau haben sie sich an ihre Essenszeiten gewöhnt, unwirsch mahnen sie, wenn man sie nicht einhält. Mir geht es genauso: Wenn ich bis neun kein Frühstück bekommen habe, werde ich zickig. Nach Jahrzehnten des Zusammenlebens mit Hunden, die einen ausgeprägten Jagdinstinkt haben, durchzuckt es mich heftig, wenn ich ein Eichhörnchen sehe – auch, wenn meine

Hunde gar nicht dabei sind. Als neulich hinter dem Flughafen-Parkhaus ein Kaninchen frech einen halben Meter neben mir auf dem Rasen sitzen blieb, dachte ich noch: »Wenn Luise jetzt hier wäre, würdest du dich das nicht trauen« – bis mir auffiel, dass kein normaler, hundeloser Mensch so mit einem fremden Kaninchen reden würde. Etwas später im Flughafengebäude lief ein älterer Herr mit einer kleinen Box herum, aus der ein klägliches Miauen kam: Reflexartig spannten sich alle meine Muskeln an. Nicht, weil ich die Verfolgung des Herrn aufnehmen wollte, sondern weil ich unterbewusst automatisch davon ausging, irgendeinen Hund davon abhalten zu müssen, den Herrn und seine Katze zu belästigen.

Ich bin noch weit davon entfernt, Schneebälle mit dem Mund zu fangen oder mich auf matschigen Wiesen zu wälzen. Allerdings gehe ich tatsächlich immer davon aus, dass das Essen auf dem anderen Teller interessanter ist als auf meinem eigenen, und meine Brüder würden mich jederzeit als futterneidisch bezeichnen.

Es kann auch kein Zufall sein, dass ich immer aufs Klo muss, sobald ich in den Wald komme: Der Anblick von Bäumen löst bei mir umgehend Harndrang aus. Vielleicht sollte ich den Rest meines Lebens doch lieber mit Zierfischen verbringen und retten, was von meinem Charakter noch zu retten ist.

Wahre Liebe

Der Mensch erlebt die Liebe meist als Kampf, bei dem er mit einem oder mehreren Gegnern um etwas ringt, was beide zwar haben wollen, aber nicht zu geben bereit sind. Um es sich nicht unnötig leicht zu machen, hat mensch sich zum obersten Ziel die »wahre Liebe« gesetzt, die uneigennützig, bedingungslos und frei von Besitzdenken zu sein hat. Sie soll nicht von Abhängigkeiten geprägt sein und mehr vom Geben denn vom Nehmen leben. Das Wahre-Liebe-Motto lautet: »Lieben heißt loslassen können.«

Der Nachteil ist nur, dass sie im richtigen Leben praktisch nicht vorkommt. Weil diese Erkenntnis einfach zu frustrierend ist, hat der Mensch die Fähigkeit zur wahren Liebe seinem besten Freund, dem Hund untergejubelt, den er, wann immer es gerade praktisch ist, offenbar für ein höheres Wesen hält: Der Hund sei einfach der bessere Mensch, weil er einen »bedingungslos liebe«, komme, was wolle.

Ich kann Ihnen versichern: Meine Hunde sind zu wahrer Liebe noch unfähiger als ich selbst. Ich bin für meine Hunde alles – Ernährer, Freund, Zuhause, Anführer, Lebensinhalt und Gott (ihren vorwurfsvollen Blicken entnehme ich, dass sie mich sogar für gutes oder schlechtes Wetter verantwortlich machen). Sie kämen nicht im Traum auf die Idee, etwas loszulassen, was sie auf keinen Fall verlieren wollen. Sie wären ja schön blöd. Sie lieben mich mit aller Kraft der Verlustangst.

Also folgen sie mir, überwachen mich, verteidigen mich, himmeln mich an und erinnern mich regelmäßig im Viertelstundentakt durch kleine Aufmerksamkeiten wie Anstupsen, Vorbeischauen oder Kopf-aufs-Knie-Legen an ihre Existenz. Wahrscheinlich wären sie auch bereit, ihr Leben für mich hinzugeben, weil es nach ihrer Logik ohne mich sowieso keines gäbe. Der Familienhund betrachtet sklavische Abhängigkeit als die stärkste aller Bindungen und selbstsüchtige Liebe als das mächtigste Gefühl. Dadurch ist sein Herz oft groß genug für zwei, und das ist gut so: Auf diese Weise wird auch der dusseligste, lahmste, scheußlichste und unfähigste Haushund von seinem Menschen geliebt.

Der Mensch dagegen landet auf der Suche nach »dem Wahren« nicht selten bei der Heuchelei. Oder er bastelt sich so viele Probleme, dass ihm die ursprüngliche Idee mit der Liebe ganz abhanden kommt. Es wäre schon viel gewonnen, wenn die Menschheit das Vorhandensein dieser Gefühle auf ihrem Planeten schlicht zur Kenntnis nehmen würde. Es täte ihr bestimmt gut.

Cappuccino für die Dame?

Vor kurzem saß ich lesend im Café, als ich bemerkte, dass sich irgendetwas unter meinem Tisch abspielte. Die Menschen am Nachbartisch grinsten: Unter meinem Tisch sahen Männerbeine hervor. Ich war gerührt: Aus solchem Stoff werden große Romane gemacht – oder wenigstens mittelprächtige Pornos. Der Mann unter meinem Tisch kraulte den Bauch meiner Pudeldame, die hingegossen auf der Seite lag und mich anblinzelte. Der Mann strahlte verklärt. »Wunderschöner Hund«, sagte er und klopfte sich die Hosenbeine ab beim Aufstehen. »Wie heißt er denn?« »Luise«, antwortete ich artig. »Ich hol Luise mal etwas Wasser«, sprach der Herr. »Für Sie einen Cappuccino?«

Ich fühlte mich wie in einem Werbefilm für eine Hundeflirt-Kontaktbörse à la *Date My Dog* (http://www.date-my-dog.eu/): So schnell hatte überhaupt noch keiner vor mir auf den Knien gelegen. Obwohl er eher vor Luise lag (von wegen Pudel sind keine Männerhunde: Luise kennt einige Tricks, wie man Männer zum Winseln bringt). Hunde leisten permanent Kontaktarbeit, ob man will oder nicht.

Man muss nicht einmal ein gewinnendes Lächeln und seinen entwaffnenden Charme einsetzen, um sich interessant zu machen: Es reicht schon, einen gepflegten, wohlgeformten und hübschen Hund dabei zu haben. Laut einer Studie wird der Hund nämlich als das Alter Ego des Besitzers gesehen (siehe Kapitel »Wie der Herr, so 's G'scherr«). Manche Herr-und-Hund-Konstellationen machen einen allerdings etwas nachdenklich: Wenn es so ist, dass der Hund als Ausdruck eines besseren, höheren Selbst betrachtet wird, was soll man dann von einem Mann mit einem Chihuahua halten? Wir haben gelernt, das Tier im Manne zu schätzen – ist es dann nicht enttäuschend, wenn dieses Tier nur 23 Zentimeter hoch ist? Manchmal wird man aber auch überrascht: Wie in dem Beispiel von dem Pitbull-Besitzer, der in seiner Jackentasche Gedichte von Pablo Neruda mit sich herumträgt.

Wohlerzogene Hunde eignen sich natürlich am besten: Es ist einigermaßen schwierig, entspannt miteinander ins Gespräch zu kommen, wenn man dauernd mit: »Lumpi, aus! Nein, Lumpi, lass das! Lumpi, WIRST DU WOHL!« unterbricht – wirklich nicht sehr sexy. Ein bewunderndes »Der gehorcht ja aufs Wort!« ist dagegen ein wunderbarer Konversations-Starter. Doch was tut man nur, wenn man zwar Hunde hat, aber gar nicht unbedingt permanent an neuen Kontakten interessiert ist? Als Distanzierungs-Werkzeug eignen sich zumindest meine Hunde denkbar schlecht: Sie halten das ganze Leben für eine Party, die extra für sie gegeben wird, und jeden Menschen, dem sie begegnen, für ihren persönlichen Gast. Wer Hunde liebt, sollte besser auch die Menschen lieben. Sonst hat er wirklich Pech gehabt.

Tiertelepathie

Wer über Hunde schreibt, hat den großen Vorteil, dass er sich unter dem Deckmantel der »professionellen Recherche« vielen merkwürdigen Themen widmen kann. Als ich kürzlich in irgendeiner Hundezeitschrift von »Tier-Kommunikation« las, dachte ich mir, es könne nicht schaden, mit meinen Hunden mal ein ernstes Wörtchen über Blasenkontrolle zu reden.

Ich besuchte also einen Workshop für Schwingungsenergetik. Es waren acht Frauen und ein Mann zugegen, alle zwischen dreißig und fünfundfünfzig, sowie ein struppiger, grauer Mischling, der aussah wie ein Prototyp für ein Stofftier, das dann doch nicht hergestellt wurde.

Die Tierkommunikatorin, die ich mal Silke nennen will, bat die Teilnehmer, sich vorzustellen und zu erklären, warum sie da seien. Eine der Frauen erzählte, sie habe fünfzehn Katzen, und sie sei hier, weil ihre »Gefühle für die Tiere denen zu viel sind«. Wenn ich jeden Tag mehr als zehn Katzenklos säubern müsste, hätte ich wahrscheinlich auch ein paar Gefühle zu viel.

Eine junge Frau namens Julia besaß Meerschweinchen, von denen sie auch gleich einen dicken Stapel Fotos herumzeigte. Ursprünglich hatte sie nur ein alleinstehendes Meerschweinchen gehabt, das zufrieden damit war, Julias Leben zu bestimmen und von ihr geliebt zu werden. Dann bekam Julia ein zweites Meerschwein vom Tierschutz, und die Hölle brach los. Das eine Tier attackierte das andere, und wenn Julia das andere Tier trösten wollte, war das eine anschließend kalt und abweisend zu ihr. Sie bat eine Tiertelepathin zu sich nach Hause, die dem einen Meerschweinchen klarmachen sollte, dass der neue

Kollege nun sein bester Freund sein würde, und es (das alteingesessene Meerschwein) vorher doch so ein trauriges Leben geführt habe. Das erste Meerschweinchen ließ durch die Telepathin erklären, dass ihm das wurscht sei, und dass sein Leben noch viel trauriger sei, seit dieser Eindringling in seinem Käfig sitze. Julia war hier, weil sie die direkte Kommunikation mit ihren Meerschweinchen lernen wollte, denn die Hausbesuche der Telepathin gingen auf die Dauer doch ziemlich ins Geld.

Als Nächste war ich dran. Ich erklärte, ich wolle meinem Windspiel Fritz gerne in aller Deutlichkeit kommunizieren, dass der Mülleimer kein Schnellimbiss sei. In diesem Moment erbrach sich der graue Mischling auf den Teppich in der Mitte des Raumes. Ich fand es gedankenlos von ihm, dies Silke nicht rechtzeitig mitgeteilt zu haben. Während Silke das Erbrochene auftupfte, erklärte sie uns die Grundlagen der Tierkommunikation. Sie erklärte, sie habe gar keine besonderen Fähigkeiten, und dass Telepathie eine Begabung sei, die wir alle in uns hätten, aber nicht genügend fördern würden. Wenn ich also plötzlich innehielte und dächte: »Hm, hoffentlich habe ich meine neuen Pumps weggeräumt«, hätte ich in Wirklichkeit vorher eine Botschaft von meiner Pudelin Ida erhalten: »Dieser Pumps schmeckt phänomenal. Gut, dass du ihn nicht weggeräumt hast.« Silke meinte, wir sollten mehr auf unser Inneres hören. »Wenn euer Körper euch sagt, ›Mhm, lieber nicht‹, vertraut ihm.« Alle nickten, außer mir. Wenn mein Körper sagt: »Mhm, lieber nicht«, dann meist deshalb, weil ich gerade Bikinis anprobiere. Silke nahm sich den grauen Mischling vor und erklärte uns, wir sollten die »Arbeit« immer mit der Frage beginnen: »Bist du bereit, mit mir zu sprechen?« Der graue Mischling rollte sich lieber zusammen und schlief ein. »Schlaf schadet der Kommunikation nicht«, erklärte Silke. Nach fünf Minuten hatten wir verschiedene Erkenntnisse über den Mischling: Seine Chakren waren blockiert, er sollte an Bachblüten riechen, er hatte Blähungen. Für Letzteres brauchten wir keine Telepathie.

Dann war der Workshop um, Silke erklärte uns, wir seien alle toll gewesen und sollten doch unsere Telefonnummern austauschen und uns regelmäßig treffen, um unsere telepathischen Kräfte zu üben. Ich verabschiedete mich schnell, bevor irgendjemand meine Gedanken lesen konnte.

Gefundenes Fressen

Mit den ersten wärmeren Sonnenstrahlen wird in allen deutschen Parks die Picknicksaison eröffnet. Für Hunde ist das ein Fest, denn immer nur Frischfleisch, Gemüse, Markknochen, ökologisch ausgewogene Vollnahrung und ähnlich gesundes Zeug mag ja Hundehalter zufriedenstellen, aber ein ordentlicher Hund wünscht sich doch vielfältigere Kost. Frühling in der Großstadt macht's möglich, denn der durchschnittliche Städter lässt alles, was er nicht aufessen will, einfach unter sich fallen – am Straßenrand, auf Grünflächen und vor Parkbänken: alte Pizza, vergammelte Döner, angelutschte Bonbons, halbvolle Chipstüten. Allein auf dem kurzen Weg in den morgendlichen Park heute früh haben meine Hunde Folgendes gefunden: ein halbes Schulbrot, Linsensuppe mit Würstchen unter einem Baum und ein paar Büsche weiter einen Haufen altes Brot. Auf der Wiese im Park fanden sie zwischen lauter Flaschen, mit denen sie nichts anfangen konnten, Berge von Papptellern mit Mayokrusten, ein Baguette mit Kräuterkäse, verschiedene Plastikschalen mit

Aufschnittresten, eine halbe Currywurst, ein Plastikschälchen mit geschmolzenem Schokoeis, eine Tüte Erdnussflips und neben dem Spielplatz eine ganze Pizza. Mmhm. Mit Salami und Karton. Den überließ meine schwarze Pudelin Luise gnädig ihren Kollegen Ida und Fritz zum Auslecken, sie selber musste sowieso schon dauernd aufstoßen nach der halben Schokogeburtstagstorte, die sie in den Büschen gefunden hatte. Zumindest hoffe ich, dass es eine Schokotorte war.

Im Sommer braucht man die Hunde also viel weniger zu füttern, weil sie sich bei jedem Morgenspaziergang den Magen vollschlagen. In manchen Städten werden Gärtner und Müllsammler für einen Sonderzuschlag schon im Morgengrauen losgeschickt, um die nachfolgenden Parkbesucher nicht unnötig zu erregen (wenn die erst wüssten, was da alles in den Büschen liegen bleibt – aber das wissen eben nur Hundebesitzer. Und die, die sich vorher in den Büschen herumgedrückt haben). Auch im Berliner Tiergarten zwischen Philharmonie und Kanzleramt wird ab sechs Uhr morgens alles entfernt, was nicht angewachsen ist, der Touristen wegen, oder um das ästhetische Gefühl der Politiker nicht zu stören, wenn die aus dem Fenster der Regierungsgebäude schauen. Andere Stadtteile haben diesen Luxus nicht. Dort wird der Müll von Wiesen, Bänken und aus Mülleimern nur zweimal in der Woche entfernt. Die Hunde stört das nicht: Wenn es nach ihnen ginge, würden die Städte gerade in diesem Bereich streng sparen und die Resteverwertung komplett ihren kaniden Bewohnern überlassen.

Die Hundebesitzer sind möglicherweise ein bisschen gestresst, weil sie ihren Hunden ständig Plastikwurstpellen aus dem Rachen ziehen oder sie zum Tierarzt fahren müssen, weil sie sich an zertrümmerten Wodka- oder Bierflaschen die Pfoten aufgeschnitten haben, aber hey – Hundebesitzer sind abgehärtet. Sie sind seit Jahren gewohnt, für jeden einzelnen Hundehaufen im Umkreis von fünfzehn Kilometern verantwortlich gemacht zu werden, auch für die, die hinterlassen wurden, während sie nachweislich mitsamt Hund vier Wochen verreist waren. Man nennt das Sippenhaft.

Es wäre wahrscheinlich kleinlich, sich Sippenhaft für Picknicker zu wünschen, oder? Aber wie wäre es mit ein bisschen Leinenzwang für Griller?

Germany's Next Top-Wuff

Letztes Wochenende war ich auf einer großen Hundeausstellung: Über dreitausend Hunde wurden weltweit von heimischen Sofas in die Messehallen gekarrt, um sich der Frage zu stellen, wer nun der Schönste weit und breit sei; eine Art »Germany's Next Topmodel«, bloß ohne Heidi Klum, denn so sehen die Hunderichter, die über »hop oder top!« zu entscheiden haben, eher nicht aus. Die Richterin, die beispielsweise über die Wohlgeformtheit der verschiedenen Möpse zu befinden hatte, zeigte eher die Attitüde einer Mutter Oberin: Egal, wie vergnügt die Möpse ihre Beine in die Luft warfen und die kleine Rute als gerolltes Posthorn überm Rücken trugen: Ihr entwich kein Lächeln. Dem ein oder anderen Mops verdarb ihr Mangel an Begeisterung denn auch gleich Laune und Ausstrahlung. Hundeschauen erinnern stark an Modenschauen, auch wenn es bei »Fashion-Weeks« meist weniger stark nach getrockneten Ochsenpeseln und Pansenkeksen riecht. Hunde- wie Modenschauen sind Mischungen aus Unterhaltung und knallhartem Merchandising, und wie bei Modenschauen gibt es eine tiefe Kluft zwischen denen, die von der Natur reich beschenkt wurden, und jenen, die wie Aschenputtel für den großen Ball erst hergerichtet werden müssen. Wo immer man hinsah, lagen Schönheiten mit stark behaarten Beinen passiv auf Frisiertischen, umhegt von wohlmeinenden Bediensteten, die das Haarkleid ihrer Diven liebevoll kämmten und arrangierten. Überall sah man Haarföhne, Glätteisen, verschiedene Sorten von Bürsten und anderen Schönheitskram. Wie bei Modenschauen hing das Aroma von Beautyprodukten und Haarspray in der Luft. Wenn die Menschen der Zukunft sich eines Tages fragen werden, warum sie alle in unterirdischen Tunneln leben müssen, wird die Antwort lauten: Weil die Menschen des 21. Jahrhunderts versucht haben, Models wie Pudel und Pudel wie Models aussehen zu lassen, und das hierfür verwendete Haarspray ein Loch in die Atmosphäre fraß. Doch zurück in die Gegenwart: Ein Afghanischer Windhund trug ein Kopftuch, um die langen Ohren vor Schmutz und Wasser aus dem Wassernapf zu schützen, während das restliche Haar kaskadenartig und rapunzelhaft weich und glänzend wie in der L'Oréal-Anzeige zu Boden fiel: er sah aus wie Maria Furtwängler. In Wirklichkeit soll das Fell die Hunde vor dem eisigen Winter im bergigen Afghanistan schützen, aber keiner dieser Hunde sah aus, als müsse er je gegen größere Naturgewalten ankämpfen als gegen leichtes Hungergefühl. Die begleitenden Menschen sehen übrigens selten so gut aus wie ihre Hunde: Obwohl Aussteller so gekleidet sein sollen, dass der Zuschauer die Aufmerksamkeit ganz den Hunden im Ring widmen kann, sah man doch viele lila Jogging-Ensembles, enge Shirts mit Hundeporträts aus Swarovski-Steinen oder metallisch leuchtende Brokatspencerjacken.

Den Hunden war alles das völlig egal. Sie ließen sich mit der Gelassenheit von Heiligen von den Richtern ins

Maul sehen und ihre Hoden auf Vollständigkeit hin betasten, und hier endete ihr persönlicher Einsatz bereits: Sie interessierten sich überhaupt nicht für die wichtigen Entscheidungen, die über ihrem Rücken getroffen wurden. Stattdessen wedelte der Verlierer dem Gewinner zu, und der Gewinner beschnupperte den Verlierer ohne Vorbehalte.

Wahrscheinlich können wir von Hunden doch mehr lernen, als sie von uns.

Ein Hund namens Ratte

Seinem Hund einen Namen zu geben, ist eine verantwortungsvolle Aufgabe. Er muss gar nicht besonders sinnvoll sein, obwohl ich mich mit Vergnügen an einen streunenden Airedale-Terrier namens Marco Polo erinnere und den Hund eines Bauern, der Regen hieß. Es gibt unendliche Möglichkeiten, sie reichen von einfachen, schlichten Namen wie Tally, Louis, Samson oder Momo bis hin zu so anspruchsvollen Bezeichnungen wie Prinz Rudolf Hertenberg Gratzheim von Darndorf Putzelhorst oder Liebling Fantasy III vom Heidrosenbusch - Namen, erfunden von Erwachsenen, die sich ansonsten in jeder Beziehung völlig normal benehmen. Dann gibt es noch die Sorte zynische Namen. Zynische Namen werden von Leuten gegeben, die Hunde nicht allzu sehr lieben: Die nennen ihre Hunde dann Mussolini, Terror, Adolf oder Ratte. Ich bin nie weit gediehen in meiner Erforschung der Seelen von Leuten, die ihre Hunde Mussolini, Terror oder Ratte nennen: Ich führe das darauf zurück, dass es mir unmöglich ist, mit ihnen lange genug zusammen zu sein, um herauszufinden, was in ihren Köpfen vor sich geht. An diesen Hundebesitzern gehe ich mit grässlich festgefrorenem Lächeln im Hundetrab vorbei. Ich glaube fest daran, dass Namen etwas auslösen: Würde der Hund namens Ratte stattdessen Nero, Henry oder Tassilo heißen, würde er sich auf eine Weise den Erwartungen entsprechend würdevoller benehmen. Aber wenn einer Ratte heißt, nimmt man ihm ja praktisch von vorneherein alle Möglichkeiten. Wer würde auch mit »Terror« oder einem nacktschwänzigen Nagetier etwas Positives assoziieren? Meine Hunde haben immer mit offensichtlichem Vergnügen auf ihre Namen gehört und sich diesen entsprechend benommen: Ida, Fritz, Luise, Theo, Harry, Elsa, Emily, Bella – der Name soll dem Hundeohr verständlich sein und nicht Nachbarn, Passanten und gelegentliche Besucher amüsieren.

Es gibt nämlich noch eine Unterabteilung der Zyniker, die nicht ganz so schrecklich ist wie die der eigentlichen Zyniker, aber noch schrecklich genug: Das sind die Spaßvögel, die möglichst zwei Hunde haben, die sie »Hey Sie« und »Hallo« nennen, »Fix« und »Fertig«, »Potz« und »Blitz« oder »Pro« und »Contra«. Und dann gibt es noch die Geheimnisvollen. Sie wählen Namen aus rein privaten Gründen oder aus überhaupt keinem Grund – außer, um die Neugierde anderer Leute zu wecken, damit die ganz erstaunt fragen: »Warum heißt Ihr Hund denn bloß so?« Die Geheimnisvollen – oder sind es Wichtigtuer? – nennen ihre Hunde »Oktober«, »Schmidts Katze«, »Der Doktor weiß es«, »Opus 13«, »Rate mal« und »Danke fürs Nachhausebringen, Emil«. Ich habe es mir zur Regel gemacht, solchen unglücklichen Hunden den Kopf zu tätscheln, an ihre Besitzer keine Fragen zu richten und sie mit ihrem Sinn für Humor stehen zu lassen: Dieses Kreuz sollen sie alleine tragen.

Ärger mit Harry

Am letzten Wochenende verschwand Harry, mein kleines grau-weißes Windspiel. Nach einem wundervollen Nachmittagsspaziergang bei Sonnenschein, wo wir Lerchen trafen, die sich schmetternd gen Himmel warfen, und die Hunde begeistert auf den Feldern Krähen jagten, begegneten wir einem großen schwarzen Labrador und seinem spitzähnlichen Kumpel, die ohne große Umstände sofort ein Jagdspiel begannen: Harry war nicht erfreut, sondern rannte vor ihnen weg, immer um mich herum. Auf meine Bitte an die Besitzerin, sie möge ihren Hund doch zurückrufen, mein Hund habe vor ihrem Angst, schrie sie mich an: »Sie haben ja überhaupt keine Ahnung, Sie bescheuerte Kuh! Ich bin Tierpsychologin! Die spielen nur!« Entgegen ihrem Fachwissen fand mein Fünf-Kilo-Windspiel es nicht lustig, von dem schnaufenden Vierzig-Kilo-Labrador gehetzt zu werden, aber als ich die Frau erneut bat, ihren Hund zurückzurufen, beschimpfte sie mich aufs Übelste, ohne ihren Hund auch nur ein einziges Mal anzusprechen – und dann raste Harry einfach davon.

Windspiele können bis zu fünfzig Kilometer die Stunde erreichen, und in diesem Tempo kommt man ziemlich weit über Landstraßen oder Autobahnen. Von Natur aus ist Harry ein eher ängstlicher Hund, der sich von Fremden nicht gerne anfassen lässt und große Angst vor lauten Geräuschen hat. Ich suchte überall, in Feldern, Wiesen und Wäldern, bis weit nach Mitternacht. Ein entsetzliches Gewitter zog auf, der Regen prasselte, der Wind heulte, Äste brachen, Donner knallte wie Kanonen – kein Zeichen von Harry.

Die Angst, die einen in solchen Fällen packt, ist kalt, gemein und unbezwingbar. Die Schreckensbilder, die man sich ausmalt, sind unbeschreiblich.

Gegen zwei Uhr nachts fuhr ich nach Hause, ab sechs Uhr früh suchte ich weiter. Im Umkreis von zehn Kilometern hängte ich Zettel mit einem Bild von Harry und meiner Telefonnummer auf: Niemand meldete sich. Irgendwann mittags fuhr ich erschöpft nach Hause, und kaum war ich kurz eingeschlafen, klingelte mein Handy: Jemand hatte Harry in einem Spargelfeld gesehen. Noch jemand rief an, der den Hund nachts um halb fünf an der gleichen Stelle gesehen hatte (erst hinterher fragte ich mich: Was macht jemand morgens um halb fünf im Spargel – und noch dazu bei Sturm?). Ich bin noch nie in meinem Leben so schnell gefahren.

Ich wusste nun, dass Harry lebte, ihn nicht der Schlag getroffen hatte und er nicht irgendwo mit gebrochenen Gliedern lag, und dass er offensichtlich mein Auto suchte. – Früher wäre man auf den betreffenden Parkplatz gefahren, hätte das Auto mit offener Klappe stehen lassen, und am nächsten Tag hätte der Hund im Auto gehockt – heute ist in solchen Fällen sofort das Auto weg. Also beschloss ich, zu meinem gestrigen Parkplatz zu fahren und im Auto zu schlafen, bis Harry wieder auftauchte: Soll keiner behaupten, Hunde würden das Leben nicht spannender machen. Im Auto zu übernachten hatte ich mir noch nie gewünscht, aber hey – ich bin immer offen für Abenteuer. Ein Anwohner namens Olaf brachte mir Apfelsaft, für meine Hunde einen Eimer mit Wasser und bemühte sich nach Kräften, mich bei Laune zu halten. Spaziergänger mit Hunden oder Fahrrädern schweiften aus, um Harry zu suchen. Um es kurz zu machen: Ich fand ihn, bevor es dunkel wurde, nur einige hundert Meter entfernt von einer Stelle, an der ich oft parke, in einem Waldstück. Warum ich genau an dieser Stelle suchte, weiß ich nicht, aber dort saß er, winzig, mit riesigen, angstgeweiteten Augen, so panisch, dass er auf mein Rufen nicht reagieren konnte. Aber kaum sah er mich und die anderen Hunde, geriet er ganz außer sich vor Glück. Anschließend rief ich die ganzen fremden Leute an, die mir tagsüber beim Suchen geholfen hatten. Wissen Sie was? Es mag ja einzelne Irre geben, die einem das Leben schwer machen - aber es gibt ganz schön viele mitdenkende, zupackende, verbindliche Menschen, die einem das Leben viel leichter machen.

Luxusgeschöpfe oder: Warum die Hundesteuer gegen das Grundgesetz verstößt

Der Staat hält meine Hunde für Luxusgeschöpfe, und langsam glauben sie selbst daran.

Die Hundesteuer ist nämlich eine Luxussteuer. Wussten Sie das? Eingeführt wurde sie im Jahre 1810, als auch das Halten von Nachtigallen, Dienstboten sowie der Besitz von Pferdeschlitten und Klavieren mit selbiger Luxussteuer belegt wurde (wenn der Hund allerdings die Klaviere bewachte, war er von der Luxussteuer befreit, weil ein Nutzen vorlag). Alle diese Steuern - auch die Klaviersteuer - wurden mittlerweile längst abgeschafft, nur nicht die Hundesteuer.

Kann mir das jemand erklären? Kein anderes Tier wird besteuert, keine Katze, kein Gepard, kein Pferd, keine Schlange. Wird dadurch eigentlich nicht der Gleichbehandlungsgrundsatz im Grundgesetz verletzt? Bedeutet es nicht sogar einen Eingriff in meine Persönlichkeitsrechte, wenn mir das Halten eines (nachweislich freundlichen, gut erzogenen) Hundes erschwert wird? Dabei dienen meine Hunde sogar dem Allgemeinwohl, indem sie Besuche in Altersheimen und auf Sterbestationen machen – weil nämlich die Medizin längst den Wert von Hunden bei der Genesung bzw. mentalen Unterstützung von Kranken erkannt hat.

Die Hundesteuer ist schlecht für die Moral: Hundehalter denken immer noch, sie müssten die Hinterlassenschaften ihrer Hunde nicht wegräumen, weil sie schließlich dafür zahlen (dabei zahlt jeder Halter ein saftiges Bußgeld, wenn er beim Zurücklassen von Hundehaufen erwischt wird). Wie hoch die Hundesteuer ist, bleibt übrigens der Willkür der jeweiligen Gemeinde überlassen: In Stuttgart zahlt man für den ersten Hund jährlich 108 Euro an Steuern, für den zweiten 216 Euro. Für meine vier Hunde zahle ich in Berlin 900 Euro per anno. In Holzkirchen zahlt man pro Hund 26 Euro im Jahr, in München – wo doch der Luxus wohnt! – 76 Euro. Insgesamt zahlen die 5,9 Millionen deutschen Hundehalter jährlich ca. 240 Millionen Euro Hundesteuer – damit lässt sich gut wirtschaften, sogar Banken würden sich davon retten lassen, denn die Hundesteuer ist nicht zweckgebunden. Es werden davon nicht etwa Kotbeutelautomaten aufgestellt (in Berlin z. B., der Stadt mit dem größten Hundehaufenproblem, gibt es so etwas gar nicht) oder Hundefreilaufflächen eingerichtet, damit andere Leute in Ruhe im Park auf der Wiese sitzen können, ohne dass ein fremder Golden Retriever auf ihrer Decke sein olfaktorisches Forschungsprogramm betreibt. Es werden nicht mehr Blumen gepflanzt oder mehr Papierkörbe aufgestellt, sondern Straßenschilder aufgestellt, Mittelstreifen nachgemalt und Regenmäntel für Verkehrspolizisten gekauft.

Von Luxus kann keine Rede sein: Hundehaltung zieht sich durch sämtliche Bevölkerungsschichten, häufig sind sie das Letzte, was Obdachlose noch ihr eigen nennen können. Tatsächlich werden mittellosen Hundehaltern sogar Sozialleistungen gezahlt (der sog. Futtergeldzuschuss), weil man davon ausgeht, dass es für den Halter eine unbotmäßige Härte und emotionale Belastung bedeutet, den Hund aus finanziellen Gründen abgeben zu müssen. Um noch einmal das Grundgesetz zu bemühen, das immerhin gerade sechzig Jahre alt wird: Darin wird das Tier als »Mitgeschöpf« erklärt. Wieso kann ein solches Mitgeschöpf mit einer Sachsteuer belegt werden? Ist das nicht ein Verstoß gegen das Tierschutzgesetz – der strafrechtlich geahndet werden kann?

Könnte es sein, dass ich mit dem Entrichten der Hundesteuer gegen das Grundgesetz verstoße?

Zusammen ist man weniger allein

Hundespaziergänge sind auch nicht mehr das, was sie mal waren. Als Thomas Mann seinen Spaziergang mit seinem Hühnerhund Bauschan in »Herr und Hund« beschrieb, hatten Hundespaziergänge noch eine höhere Bedeutung: Eine Art Dialog zwischen Mensch und Tier, eine Möglichkeit, den Blick auf den Horizont zu richten, das Hirn frei zu machen und zur Besinnung zu kommen. Diese Zeiten sind vorbei. Das klassische urbane Bild eines ungeduldigen Menschen, der auf seinen trödelnden Hund wartet, der seinerseits völlig in die olfaktorischen Botschaften an Laternenpfählen vertieft ist, gibt es nicht mehr: Stattdessen sieht man nun Hunde, die sich ungeduldig nach ihren trödelnden Menschen umdrehen, die völlig in die

Botschaften vertieft sind, die sie aus dem kleinen Knopf im Ohr erhalten. Neulich ging ich morgens früh spazieren, mit meinen Hunden spielend und sozusagen der Welt entrückt, als ich plötzlich eine Stimme hörte. Ich erspähte den Kopf eines Mannes, den ich von den täglichen Hundespaziergängen kannte. Wie ich war er oft sehr früh mit Hund in einsamem Gelände unterwegs, wir hatten uns schweigend zugenickt. Ich hatte ihn für einen Einzelgänger gehalten, ein bisschen misanthropisch, ein Typ, der allein in der Natur sein wollte. Nun stand er bis zu den Ohren im Schilf und plapperte wie ein Teenager auf dem Schulhof. Ich sah ein weißes Kabel von seinen Ohren baumeln. Er war so abgelenkt, dass er mich gar nicht bemerkte, und sein Hund, der uns längst begrüßt hatte, machte sich nicht die Mühe, ihn auf uns aufmerksam zu machen.

Hundespaziergänge sind mittlerweile zur Handygesprächspartie geworden: eine Hand haben Hundebesitzer ja schließlich noch frei. Als monologisierende Autisten marschieren sie durch Straßen und Parks, blind und taub für andere Menschen, Hunde oder die Dinge, die ihr Hund unterwegs erlebt. Manchmal sieht man sie von weitem und glaubt, sie redeten intensiv auf ihren Hund ein – stattdessen sind sie im Dialog mit einem Unsichtbaren, dem gegenüber es natürlich sehr unhöflich wäre, wenn sie ihren Hund ansprechen, mit ihm spielen oder ihn gar an irgendetwas hindern würden. Der Hund bleibt völlig sich selbst überlassen, als wären Hund und Halter hier nur zufällig zusammen unterwegs. Einmal sah ich eine junge Mutter, die gleich vier Sachen auf einmal machte: Sie joggte, während sie einen Kinderwagen schob, ihrem Handy lauschte und ihren Hund an der Leine hinter sich herzog, der ganz woanders hinsah. Auf der Wiese spielte ein Junge mit seinem Hund Frisbee. Sie boten ein fabelhaftes Schauspiel, der Junge warf die Scheibe phantastisch hoch und gerade, der Hund fing sie immer in genau dem richtigen Moment mit elegantem Hochsprung auf. Als sie den Park verließen, lief der Hund durch und durch zufrieden neben dem Jungen her, Kopf und Rute hoch aufgerichtet, und ließ ihn nicht aus den Augen.

Ich finde ja immer, dass Hunde einem viel über das richtige Leben beibringen. Zu einer guten Beziehung gehört, sich regelmäßig Zeit füreinander zu nehmen – Zeit, die nur dem anderen gehört: Sonst wird man irgendwann wie die Paare, die ihre Gemeinsamkeiten vergessen haben und sich dafür aufs Fernsehprogramm berufen müssen. Ich persönlich höre auch nur auf die, die regelmäßig mit mir spielen.

Hunde brauchen einen Garten!

Hundebesitzer sehnen sich immer nach einem Garten. Man träumt von einem grünen Paradies, wo man in der Hängematte liegt und die Vögel in den Büschen zwitschern – und der Hund sich genüsslich im grünen Gras wälzt und auch mal auf einen Spaziergang verzichtet.

Ha! Von wegen: Hunde und Gärten sind sozusagen ein Oxymoron, ein Widerspruch in sich. Ein Garten ist ja an sich schon eine Geldvernichtungsanlage: Rasensamen, Rasendünger, Blumenzwiebeln, Büsche, Rhododendren, Flieder, dann noch Pflanzen für die Terrasse, wofür man viele Terrakottatöpfe in verschiedenen Größen braucht, der Vielfalt wegen.

Hunde haben, falls Sie es noch nicht wussten, nicht mal im Ansatz so was wie einen grünen Daumen. Sie haben auch nicht das leiseste botanische Verständnis. Meine braune Pudelhündin Ida liebt den Garten, weil sich darin so schön Ball spielen lässt. Mit konzentriertem Blick rast sie dem Ball hinterher wie eine Kobra hinter der Maus, wirft sich auf ihn und schlittert noch einen halben Meter mit dem Ball zwischen den Pfoten durch die weiche Erde: das sichere Ende der Grasnarbe. Ich säe ununterbrochen nach, aber im hinteren Teil des Gartens sind überall verschiedengrünfarbige Streifen im Gras zu sehen. Es sieht aus wie Kunst im Rasen. Kann man mögen, muss man aber nicht. Im Herbst habe ich ungefähr sechshundert Tulpen-, Schneeglöckchen-, Narzissen- und Krokuszwiebeln im Garten versenkt. Die Hälfte davon wurde von meinen Hunden sofort wieder ausgegraben, die wohl dachten, ich hätte ihnen zuliebe eine Art Schatzsuche veranstaltet, auch wenn sie nicht begreifen konnten, warum ich nicht etwas Artgerechteres in den Boden steckte – angegammelte Kalbsknochen zum Beispiel, oder Fischköpfe. An jedem wärmeren Tag der letzten Wochen jubilierte ich innerlich und freute mich auf wenigstens dreihundert blühende Frühlingsboten, die ihre Köpfe täglich ein Stückchen weiter aus dem Boden reckten. Bis ich plötzlich kein Wachstum mehr feststellen konnte. Bei genauerer Betrachtung erkannte ich, dass alle Knospen verschwunden waren: abgenagt. Und zwar von einem meiner Hunde, den ich eines Morgens vom Küchenfenster aus dabei beobachten konnte. Erst dachte ich, er fresse die gleichmäßig überall im Garten verteilten Reste des Vogelfutters. Das war es aber nicht. Was in seinem Kopf vorging, werde ich nie erfahren: Vielleicht gelüstete ihm nach dem langen Winter einfach nach etwas Knackigem. Blühen wird auf meiner Wiese so schnell jedenfalls nichts. Nicht in diesem Jahr.

Wie grün die Wiese nach diesem Winter wird, wird sich noch herausstellen. Meine Hunde haben ihr im Winter keine Spielpause gegönnt, die Fläche sieht aus wie ein Fußballplatz nach einem Spiel gegen England.

Kaum hat der Boden acht Grad, säe ich strapazierfähigen Schattenrasen aus und presse ihn mit selbstgebastelten Trittbrettern fest. Längst bin ich Experte, was den ph-Wert von Hunde-Urin betrifft: Wo gepieselt wird, wächst normalerweise kein Gras mehr, weil Urin so voller Salze und Nitrate ist, dass das Gras davon verbrennt. Anschließend sieht man dann lauter kreisrunde gelbe Flecken im Gras, die aussehen wie mysteriöse Botschaften von bösen Gartentrollen. Das Gießkannen-Prinzip von Rüden ist da deutlich rasenfreundlicher, und Rhododendron-Büsche und Hortensien sind sogar erfreut über die säuerliche Mischung (Hortensien allerdings nur, solange ihre Blätter nicht direkt betroffen sind, die sie sonst beleidigt bräunen). Zum Düngen von Rasen und allen anderen Pflanzen eignen sich übrigens hervorragend Hornspäne, Überdüngung ist kaum möglich und außerdem sind sie ungiftig für Haustiere. Im Gegenteil – Hunde halten sie für einen köstlichen Snack, intensiv riechend und anregend für die Verdauung.

Man könnte die ganze Fläche natürlich auch einfach teeren.

Darf's noch einer mehr sein?

Vor einiger Zeit enttäuschte ich mal wieder meine Mutter, indem ich ihr Bedürfnis, endlich als Großmutter zum Einsatz zu kommen, ein weiteres Mal ignorierte und stattdessen unser bestehendes Dreierrudel um ein weiteres Hundekind erweiterte. Seither hat das Leben mit zwei Großpudeln, einem eineinhalbjährigen Italienischen Windspiel und einem weiteren, hochagilen Windspielbaby etwas von einer Übung in Chaoskontrolle.

Aber ich habe es überlebt und möchte Einzelhundfamilien diese Worte als Trost und Stütze andienen, falls sie sich mit dem Gedanken tragen sollten, sich einen weiteren Hund zuzulegen.

Der Weg, der zu einem zweiten Hund führt, ist mit vielen Mythen und Unwahrheiten gepflastert, die aufgedeckt und betrachtet werden müssen, bevor man sich für immer dem Dauerchaos eines Mehrhundehaushaltes verschreibt.

Mythos 1

Der ältere Hund dient dem jüngeren als Vorbild, von dem sich der junge Hund viele Dinge wie »Sitz!«, »Komm!« etc. abschauen kann und sich darum auch ruhiger verhält.

Falsch. Stattdessen wird der fröhliche Ungehorsam und die ungebündelte Lebensfreude des neuen Welpen die jahrelange sorgfältige Erziehung, die Sie dem älteren Hund angedeihen ließen, völlig zunichte machen. Dieser erlebt eine Art Flashback in seine eigene Kinderzeit und besinnt sich gleichsam wieder auf seinen inneren Welpen. Falls der Ältere dem Jüngeren tatsächlich etwas beibringt, dann nur dummes Zeug, wie etwa die effizienteste Methode, sich in vor sieben Wochen verstorbenen Fischen zu wälzen, oder den besten Moment abzupassen, um mit schmutziger Wäsche im Maul auf einer Cocktailparty für Stimmung zu sorgen.

Besinnen Sie sich auf die Anfänge und üben Sie wieder ganz konsequent das Wort »Nein!«. Schaffen Sie sich einen Vorrat an Fleckentferner an.

Mythos 2

Zu zweit sind Hunde weniger allein, wenn man das Haus verlässt.

Falsch. Hunde wollen nämlich trotz aller innerartlichen

Gesellschaft am liebsten mit ihrem Menschen zusammen sein. Wenn man also das Haus verlässt, versammeln sich zwei – in meinem Falle vier! – Hunde im Flur zum großen Abschied und beobachten mit Waisenkinderaugen schweigend den Abgang ihres Besitzers. Sie können nicht verstehen, warum Sie vorsätzlich die Familie auseinanderreißen wollen. Ihre Schuldgefühle werden sich also nicht halbieren, sondern sogar verdoppeln.

Mythos 3

Zu mehreren machen Hunde weniger kaputt, weil sie sich weniger langweilen.

Falsch. Die Möglichkeiten der Zerstörung potenzieren sich gemäß der Anzahl der Hunde, die im Moment der Missetat anwesend sind. Während ein einzelner Hund damit zufrieden sein mag, eine Kissenecke eine Weile lang friedlich anzukauen, werden zwei Hunde das Kissen zerfetzen, entfedern und anschließend in einer lustigen Jagd die einzelnen Kissenteile im ganzen Haus verteilen. Und der Hundebesitzer wird nie erfahren, wer angefangen hat.

Mythos 4

Die Hunde werden sich nicht vertragen.

Falsch. Hunde sind viel besser darin als Menschen, friedliche, geordnete Hierarchien zu etablieren. Ihr älterer Hund wird mit Ihnen anfänglich vielleicht etwas beleidigt sein und sich dann auf seinen natürlichen Alphastatus besinnen, während der Welpe sich schnell und instinktiv unterordnet – und dann werden die beiden ihre Kräfte zusammentun, um Sie vollkommen zu dominieren. Dass es so weit ist, erkennen Sie sofort: Wenn Sie Ihre Hunde ermahnen, irgendeinen Quatsch zu unterlassen, den sie sich gerade gemeinsam ausgedacht haben, und bemerken, wie die beiden erst Sie ansehen, dann einander – und instinktiv werden Sie sofort wissen, dass Sie in der Unterzahl sind: unterlegen und überstimmt. Bleiben Sie stark. Wenn Sie wanken, werden Sie es für immer bereuen.

Mythos 5
Zwei Hunde zu halten ist auch nicht anders als einen Hund zu haben.

Falsch. Zwei Hunde zu halten bedeutet, zwei Hunde zu halten. Selbst wenn man zwei Exemplare der gleichen Rasse hält, können die Unterschiede in Charakter und emotionalem Temperament fundamental sein. Meine beiden Großpudelhündinnen haben unterschiedlichere Charaktere als Dr. Jekyll und Mr. Hyde. Die Fünfjährige ist würdevoll, ruhig, verständig und ein bisschen faul, während die vierjährige Hündin eine Sportrakete ist, das personifizierte »Hurra!«, wild – und schnell gelangweilt. Eine Konstellation wie Diva versus polnischer Schlagerstar. Mit zwei Hunden lernt man schnell, unterschiedliche Persönlichkeiten hinzunehmen und nicht zu werten. Näher werden Sie der Erleuchtung vielleicht nie wieder kommen.

Mythos 6
Sie werden es bereuen.

Falsch. Der Aufwand, mehrere Hunde zu halten, ist zwar beträchtlich, aber nicht unüberwindbar. Sie werden schnell lernen, die kleinen auftretenden Hundeprobleme zu meistern. Sie werden lernen, den fauleren Hund so zu trainieren, dass er der Sportskanone als liegendes Hindernis dient, und – voilà: Schon haben Sie beide Temperamente gutgelaunt im gleichen Kunststück integriert. Sie werden lernen, sich selbst gegenüber den Verlust Ihres Einflusses auf Ihre Hunde als artgerechtes Rudelverhalten zu verkaufen. Sie werden sich doppelt freuen, wenn Ihre Hunde auf Pfiff angerannt kommen, strahlend vor Freude, Sie zu sehen. Und wenn es stimmt, dass Leute mit Hunden länger leben, dann ist der zweite Hund ein großer Schritt in Richtung Unsterblichkeit.

Hundehasser, historisch gesehen

Hundefreunden fällt es schwer, sich in die Mentalität von Hundehassern hineinzuversetzen, und sie stehen den Vorwürfen und Gedankengängen solcher Zeitgenossen meistens eher fassungslos gegenüber. Aber man muss seine Gegner kennen, um ihnen besser begegnen zu können. Deshalb soll hier der Generalstaatsanwalt aller Hundefeinde, der schwedische Dichter August Strindberg (1849–1912) (der auch zu Frauen ein äußerst schwieriges Verhältnis hatte) zu Wort kommen. Ich zitiere aus seiner »Naturtrilogie« – schon um zu zeigen, dass in hundert Jahren die Argumente nicht origineller geworden sind:

Wenn ich nun mit einem kühnen Sprung wieder zu den Tieren zurückkehre und mich direkt auf das werfe, was für das klügste gilt, nämlich den Hund, so kann ich nicht umhin, zuerst über die eigentümliche Menschenart zu sprechen, die Hundeliebhaber heißt ... Nach allem, was ich habe summieren können, ist der ausgeprägte Hundeliebhaber, wenn er nicht Jäger, Schäfer ist oder sonst einen ersichtlichen Nutzen von seinem Tier haben kann, ein kleiner Despot, der stets an seine Oberhoheit erinnert werden und zu jeder Stunde des Tages Sklavengehorsam haben will. Wenn er unter Menschen den Kampf um ein Stück Macht nicht hat bestehen können, kauft er einen Hund, mit dem er sich bald selbst identifiziert – sei es aus angeborener Sympathie oder durch Verwechslung. Das

Recht, seinen Nächsten zu beunruhigen (was ihm das Gesetz verbietet), überträgt er auf seinen Stellvertreter. ... Wenn ich einen fanatischen Hundefreund mit seinem großen Herzen prahlen höre, so frage ich mich immer: was will der Mann verbergen? – Diese verdächtige Menschengruppe hat den Hundekult verbreitet, und da es ebenso leicht sein mag, ohne Verschulden in guten wie in schlechten Ruf zu kommen, so wurde dem Hunde von seinen Liebhabern alle höchsten seelischen und körperlichen Fähigkeiten angedichtet, von denen ein Teil überhaupt nicht vorhanden, der andere ihm nur in geringem Grade eigen ist. ... Die Hunde meines Hauswirts, die ich drei Monate lang gefüttert und wie Menschen behandelt hatte, lernten mich gut kennen und liebkosten mich, wenn ich heimkam. Doch wenn ich nur Hut und Rock wechselte, war es aus mit der Bekanntschaft, und ehe sie mich riechen konnten, stürzten sie wütend auf mich los. Ich sah so begabte Tiere wie Pudel und Pinscher ihren eigenen Herrn anfallen, den sie auf 25 Ellen Entfernung nicht wiedererkennen konnten. Ich glaube darum, der Hundefreund schmeichelt sich, wenn er meint, die Freundschaft des Hundes sei intim persönlich. ... Und wenn der Herr mit Rührung in die klugen Augen seines Hundes blickt, um Sympathie und so viele andere gute Dinge darin zu lesen, so ist das eine schöne Täuschung. ... Der Hund ist ein feiger Wicht. Trifft man ihn allein, außerhalb des Hofes seines Herrn, wird er immer auskneifen; sobald er zu Hause ist oder in Gesellschaft seines Herrn, dann ist er übermütig und grimmig. Er ist im Dunkeln außerordentlich bange, und ich habe einen großen Hund vor Schreck heulen hören, als man Indianertänze vor ihm aufführte. Einige Hunde kneifen vorm Stock aus; die meisten immer, wenn man einen Stein wirft. ... In Städten, wo es Polizei, Straßenreinigung, Feuerwehr und Bürgersteige gibt, da ist der Hund ein Überbleibsel der Barbarei und müsste verboten werden wie das Schwein. Wer Gesellschaft haben will, hat Menschen, mit denen er ver-

kehren kann, und wer so niedrig steht, dass er mehr mit Tieren sympathisiert, der sollte in kommunalen Angelegenheiten kein Stimmrecht haben, am allerwenigsten in der Hundefrage.

Na, klingt das nicht nach moderner Gemeindepolitik?

Ist Ihr Hund erfüllt?

Ich war gerade auf einem Seminar für Hütehunde, weil mich immer interessiert, wie man Hunde für Spezialaufgaben ausbildet. Es gab dort erstaunlich viele Städter, die mit ihren Border Collies gekommen waren, damit die Hunde ihr genetisches Erbe – oder ist es ihr Schicksal? – antreten und der Abwechslung halber Schafe hüten konnten. Es gab auch noch eine ganze Menge anderer Hunde, von passionierten Hütehunden bis hin zu bunten Promenadenmischungen, die befremdet zur Kenntnis nahmen, wie ihre Besitzer ihnen unbedingt die alte Kunst des Hütens näherbringen wollten. »Wir machen Agility, Obedience und Fährtenarbeit«, erklärte eine Frau mit einem Labrador-Shepherd-Mix der Schäferin, die das Seminar leitete, »und ich würde furchtbar gerne mal Schafe hüten. Donnerstags und freitags hätten wir noch Zeit.«

Hunde haben mittlerweile Terminkalender wie Kinder: Statt Chinesisch, Ballett, Geige und Computerkursen machen Hunde Frisbeekurse, Dog-Dance, Treibball und Longieren. Hunde sollen »ausgelastet« werden, möglichst entsprechend ihrer genetischen Vorgaben als Apportier-, Hüte-, Schutz- oder Schoßhund. Das ist auch schön und richtig, erinnert aber unangenehm an all die Eltern, die sich das Förderprogramm für ihre Kinder zur Lebensaufgabe machen, und deren Kinder Agendas haben, die an jene von Vorstandsvorsitzenden erinnern. Genug ist nie genug, jede wache Minute muss in irgendeinem Kurs, Team oder Unterricht stattfinden.

Seit unsere Hunde zu vollwertigen Familienmitgliedern aufgestiegen sind, mitsamt komplizierten Lebensläufen und psychologischen Hintergründen, haben Menschen Schuldgefühle, ob ihre Vierbeiner auch artgerecht beschäftigt werden. Sie fahren Hunderte von Kilometern, um Seminare zu besuchen, die ihre Hunde bei Laune und in Form halten sollen. Hunde gehören Vereinen und Sportgruppen an und haben Spielverabredungen und Babysitter, wenn die Menschen abends mal ins Theater wollen. Um den Hund geistig zu fördern, bekommt er sein Futter nicht mehr aus dem Napf, sondern muss es sich, in einen Beutel verpackt, »erjagen«. Er muss dreimal pro Woche in den Welpenkurs, dazwischen noch mit dem Bus ins Einkaufszentrum, damit er lernt, Menschenmengen als normal zu empfinden, und wird zum Fallschirmspringen oder Riesenradfahren geschleppt, um seine Bindung an Herrchen oder Frauchen zu fördern. Waren Sie in letzter Zeit mal in der Spielzeugabteilung im Tierhandel? Toys'R'Us ist nichts dagegen.

Noch vor fünfzehn Jahren wäre niemand auf die Idee gekommen, Hunde »auszulasten«. Bis in die siebziger Jahre waren die meisten Hunde nur selten angeleint oder eingesperrt, aber sehr zufrieden damit, durch den Tag zu trödeln, sich ab und zu mit anderen Hunden anzulegen, Mülltonnen auszuräumen und den Briefträger zu verfolgen.

Viele Hunde wollen viel weniger von ihren Besitzern, als die ihrerseits ihren Hunden unbedingt geben möchten. Die meisten Hunde brauchen etwa zwei Stunden Auslauf am Tag, kein stundenlanges Werfen, Apportieren oder Herumhopsen mit vielen aufgeregten Artgenossen.

Manche Hunde, die den ganzen Tag Bälle, Stöcke und Frisbees fangen und permanent Aktivitäten einfordern, sind eher ungezogen oder hyperaktiv als »ausgelastet«. Hunde brauchen Liebe und Aufmerksamkeit, aber nicht immer so viel, wie wir glauben. Sie brauchen Futter und etwas zum Kauen, aber oft nicht so viel, wie wir ihnen geben. Hunde brauchen Abenteuer, aber sie müssen auch lernen zu entspannen. Wenn man Straßenhunde beobachtet, leben sie ähnlich wie Löwen: Sie liegen viel herum und stehen ab und zu auf, um etwas zu fressen zu suchen, ein bisschen zu spielen oder etwas Interessantes zu beschnüffeln.

Mit Hunden Sport zu treiben oder zu arbeiten ist wunderbar für Mensch wie Tier. Aber man muss Hunde auch ganz oft einfach in Ruhe lassen. Meine Hunde und ich haben einige unserer vergnügtesten Momente damit verbracht, einfach gemeinsam nichts zu tun.

Ernie – ein Hund wird zugrunde gerichtet

Ernie, ein puscheliger, zehn Wochen alter Golden Retriever mit herzerweichendem Blick, war ursprünglich ein Geburtstagsgeschenk. Die blonde elfjährige Daniela mit Pferdeschwanz wohnte in München, zu ihren Leidenschaften gehörten Justin Timberlake, SMS und Nintendo. Ihre Eltern wollten ihr ein besonderes Geschenk machen, »etwas, was man nicht in eine Steckdose stecken kann und ihr ein Gefühl für Verantwortung vermittelt«. Sie wünschte sich schon lange einen Babyhund und schwor, sich um ihn zu kümmern. Ihre Eltern träumten von langen Familienspaziergängen im Wald, einem braven Hund, der sie zu Schulfesten begleitete und im Garten spielte, während sie Unkraut jäteten.

Die Eltern fuhren zu einem namhaften Züchter und fanden Ernie. Die Überraschung gelang. Es war Liebe auf den ersten Blick: Der kleine weiche Welpe durfte bei Daniela im Bett schlafen. In den nächsten Wochen spielte und schmuste sie stundenlang mit Ernie, während die Eltern Fotos von den beiden machten.

Nur leider konnte auch Ernie Daniela nicht dazu bringen, öfter an die frische Luft zu gehen und sich weniger für iPods, TV und SMS zu interessieren. Dazu kamen Hausaufgaben, Klavier, Sport und Ballett. Außerdem fand sie den heranwachsenden, haarenden, nassschnäuzigen, wilden Ernie längst nicht mehr so süß wie die Babyversion, die sie ursprünglich bekommen hatte.

Danielas Eltern arbeiteten viel. Der Haushalt wurde von einer spanischen Haushälterin geführt, die Ernie mühsam und lästig fand. Es dauerte ewig, bis er stubenrein wurde, weil sich keiner richtig darum kümmerte. Niemand fühlte sich für ihn zuständig und hatte die Zeit oder das Interesse, ihn zu erziehen.

Ernie machte die normalen Entwicklungsphasen eines heranwachsenden Retrievers durch - alles ankauen, alle anspringen, wie verrückt durchs Haus rasen, vor Aufregung pieseln, Gegenstände einspeicheln und apportieren - und wurde immer lästiger. Seine Familie überließ ihn sich selbst und ließ zu, dass er ständig Dinge tat, für die sie ihn anschließend bestraften, anschrien und immer weniger mochten. Sie klagten, Ernie sei »hyperaktiv«, »wild« und »schwierig« - dabei war er nur unerzogen, durcheinander und unausgelastet, was jeder Trainer sofort erkannt hätte.

Ernie baute zu keinem Familienmitglied eine Bindung auf - was die essentielle Grundlage für jegliche Erziehung ist. Weil ihm niemand Regeln aufzeigte, wurde er immer unsicherer. Er sprang alle an, zog an der Leine und bellte dauernd. Daniela konnte ihn längst nicht mehr halten. Die Haushälterin ging jeden Tag einmal mit ihm um den Block, dann sperrte sie ihn in den Garten, weil er im Haus nur Unsinn machte.

In den letzten zwei Jahren sah ich mit an, wie Ernie immer neurotischer wurde. Das Seelenvolle verschwand aus seinen Augen. Er ist immer noch freundlich und ungefährlich, aber er hat keine Ahnung, wie er sich benehmen soll, weder seiner Familie noch anderen Leuten oder anderen Hunden gegenüber. Er bellt fast permanent, wenn jemand in seine Nähe kommt, also kommt kaum noch jemand. Mittlerweile lebt er fast ausschließlich im Garten.

Als ich seiner Familie vorschlug, ein anderes Zuhause für Ernie zu finden, weil diese Haltung Tierquälerei sei, gerieten sie außer sich. »Er wurde noch nie geschlagen, bekommt das beste Futter und tierärztliche Versorgung«, fauchte Danielas Mutter. Das stimmt natürlich. Aber Ernie bekommt nicht das, was im Leben eines Hundes das Wichtigste ist: jemanden, der emotionale Verantwortung für ihn übernimmt. Er hat keine Beziehung zu irgendeinem Menschen.

Für diese Art von Tierquälerei gibt es keinen Tierschutz. Emotionale Vernachlässigung eines Hundes ist nicht gesetzeswidrig. Ich kann Ernie nicht helfen. Dabei ist er einer der am meisten misshandelten Hunde, die ich kenne.

Der Schweinehund

Ich versuche, meinen Schweinehund zu besiegen. Damit meine ich nicht meine braune Pudelin Ida, die sich in allem wälzt, was stinkt – tote Mäuse, tote Maulwürfe, Vogelkot oder uralter Rasenschnitt (der nämlich entsetzliche Gase entwickelt und dann so riecht wie etwas, was man sonst nur aus dem *Tatort* kennt) –, sondern meinen *inneren* Schweinehund. Der mich länger schlafen lässt, der dafür sorgt, dass ich statt eines vernünftigen, ausgewogenen Mittagessens lieber eine Großpackung Nougateis zu mir nehme, und der mich dazu bringt, lieber zu lesen als Sport zu machen. Die Liste ist ziemlich lang. Mein innerer Schweinehund hat mich ähnlich im Griff wie meine real existierenden Pudel und Windspiele. Die haben auch nur kurzfristige Befriedigung im Sinn, genau wie mein Schweinehund. Sie erwarten etwas zu essen, sobald ich mich von meinem Schreibtisch erhebe, völlig unabhängig davon, ob es Futterzeit ist oder sie irgendetwas geleistet haben, was eine Belohnung rechtfertigen würde. Erst die Belohnung, dann sehen wir weiter.

Offensichtlich brauchen sich weder Rasse- noch Schweinehunde irgendwelche Gedanken über die langfristigen Konsequenzen ihres Handelns zu machen. Erst Nougateis, dann kann man ja immer noch weitersehen und mit Sport anfangen, statt zu lesen. Also: Irgendwann, falls es nötig sein sollte und sich das Nougateis irgendwie negativ auf meiner Waage bemerkbar machen sollte. Erst länger lesen und dann weitersehen, ob wir morgen früh nicht doch einfach länger schlafen können. Erst mal ausschlafen und dann weitersehen, ob man die Kolumne nicht irgendwie doch erst morgen schreiben kann. Und so geht es immer weiter. Der Schweinehund liebt Verbotenes, genau wie meine anderen Hunde. Andauernd erwische ich Ida auf dem Sofa. Sie weiß genau, dass das Sofa für Hunde verboten ist, aber der Schweinehund – ihr ganz persönlicher – treibt sie dazu, ganz still zu liegen, die Luft anzuhalten und den Bauch einzuziehen in der Hoffnung, ich würde sie übersehen. Es ist ebenso gemütlich auf dem grünen Samtsofa (kurzfristige Befriedigung), dass sie das Donnerwetter in Kauf nimmt, das jedes Mal folgt (langfristige Konsequenz). Ich ahnte es immer: Ein fünfter Hund ist einer zu viel, egal, welche Sorte.

Ich habe viele, viele Jahre im Ausland gelebt, und da hatte ich nie Probleme mit dem inneren Schweinehund. Den gibt es nämlich nur in Deutschland. Das Wort lässt sich in keine andere Sprache übersetzen. Es stammt aus der Studentensprache des 19. Jahrhunderts und geht auf die sogenannten Sauhunde zurück, die man früher zur Wildschweinjagd einsetzte und aus deren Fertigkeiten – wie Hetzen, Bissigsein und Festhalten – Schimpfwörter für Menschen mit ähnlichen Charaktereigenschaften abgeleitet wurden.

Es weiß ja auch niemand, wie er eigentlich aussieht, der Schweinehund: Manche stellen ihn sich als grinsende Bestie vor, mit kleinen, gemeinen Augen, rosa Schweineschnauze und hängenden Lefzen, aus denen scharfe, glänzende Zähne hervorschimmern. Ein Untier. In Bonn wurde dem Schweinehund 1993 ein Denkmal errichtet, eine große Figur mit Schweinekopf und langem Mantel. Darunter steht: »Art: Tier mit Instinkten niedrigster Art. Unterschlupf: In dir und in mir, d.h. in jedem einzelnen Individuum des Homo sapiens. Verbreitung: Kann völlig die Macht über den einzelnen Menschen, über soziale Gruppen und im Extremfall über ganze Bevölkerungen nehmen.« Und darunter in Großbuchstaben: »DARF NICHT GEFÜTTERT WERDEN.«

Na. Das wäre der allererste Hund, der sich das gefallen ließe.

Der Charme grauer Haare

Ich überlege, ob ich mir nicht mal was Älteres anlachen sollte. Ich habe es ja durchaus gerne jung und dynamisch, aber vielleicht würde etwas Gesetzteres auch etwas Ruhe in meinen jungen und wirklich verdammt dynamischen Haushalt bringen. Dazu kommt, dass die Älteren keiner will. Wirklich wahr: Ältere Hunde, die ins Tierheim kommen, sitzen da für immer und müssen da sterben. Ein Hund, der älter ist als fünf Jahre, findet kein neues Zuhause mehr.

Dabei sind alte Hunde ganz wunderbar. Ich habe immer wieder alte Hunde gehabt, die bei mir ihren Lebensabend verbracht haben, und weiß, wovon ich rede.

Alte Hunde sind gute Hunde, weil sie ziemlich viel und oft ziemlich laut schnarchen, was in dunklen Nächten manchmal sehr tröstlich sein kann (aber nur, wenn es der Hund ist und nicht der Partner).

Alte Hunde sind gute Hunde, weil die Leute sich nicht aufregen, wenn man mit ihnen ohne Leine die Straße entlanggeht - es ist ziemlich offensichtlich, dass der Hund keine öffentliche Gefahr darstellt, wenn er für hundert Meter zehn Minuten braucht.

Alte Hunde sind gute Hunde, weil man viel weniger genervt ist (und es sogar ziemlich lustig findet), wenn sie etwas Verbotenes machen wie eine Kekstüte aufreißen und zwanzig Kekse in zwei Minuten fressen, oder sich auf dem Rücksitz übergeben (was in Wirklichkeit überhaupt nicht lustig ist).

Alte Hunde sind gute Hunde, weil man nicht mehr dreieinhalb Stunden am Tag spazieren gehen oder große Runden mit dem Fahrrad drehen muss. Und zwar jeden Tag. Auch im strömenden Regen (falls Sie zufällig in Hamburg wohnen). Was wirklich sehr angenehm ist, außer, Sie gehen gerne jeden Tag dreieinhalb Stunden im strömenden Regen spazieren.

Alte Hunde sind gute Hunde, denn haben Sie schon mal einen alten Hund getroffen, in dessen Augen nicht die ganze Weisheit der Welt zu lesen war?

Alte Hunde sind gute Hunde, weil man sich so gut kennt: Sie kennen seine Macken und Angewohnheiten ganz genau. Und er Ihre.

Alte Hunde sind gute Hunde, weil es uns Bescheidenheit und Demut lehrt, ihre wackeligen Schritte zu beobachten, zu sehen, wie sie nur mit Schwierigkeiten aufstehen, es aber trotzdem tun, um uns zu begrüßen.

Alte Hunde sind gute Hunde, weil sie unser Herz Tausende Male erobert haben, immer und immer wieder, und man nur wünschte, dass noch genug Zeit bliebe, damit sie es noch mal machen können.

Ganz ehrlich: Gegen so ein bisschen Grau im Bart ist absolut nichts einzuwenden.

Ein Leben im Rampenlicht

Ich habe keine Ahnung, woran es liegen könnte, dass meine Hunde solche Rampensäue sind. Von mir haben sie das jedenfalls nicht. Trotzdem sind sie allesamt davon überzeugt, ihnen stehe ein Leben im Rampenlicht zu. Und das zieht sich hartnäckig durch die verschiedenen Generationen. Vielleicht nehme ich meine Hunde zu ernst – aber wenn sie ein Buch schreiben würden, würde der Titel wahrscheinlich »Ein Leben im Scheinwerferlicht« lauten. Ende Juli war ich im *Kölner Treff*, der Talkshow von Bettina Böttinger, eingeladen und wurde von meiner schwarzen Pudelin Luise begleitet. Ab dem Moment, als die Kameras liefen, übernahm Luise die Show. Sie bettete ihr schwarzes Haupt auf die weiße Hose von Bettina Böttinger und guckte seelenvoll. Sie legte sich vor den Kölner Bürgermeister zu meiner linken und forderte ihn während der Sendung auf, ihren Bauch zu kraulen. Als die Gespräche sie nicht länger interessierten, verließ sie das Podest und machte eine gepflegte Runde durchs Publikum, ließ sich das Ohr kraulen und begrüßte den einen oder anderen Zuschauer. Danach kam sie zurück aufs Podium und setzte sich direkt vor Bettina Böttinger. So konnte sie sich sicher sein, dass die Kamera sie nicht verfehlte.

Mein mittlerweile verstorbener Mops Theo war da sehr ähnlich veranlagt. Weil er eine angenehme, unaufdringliche Größe hatte, nahm ich ihn häufig mit zu großen Fotoproduktionen, weil er für ausgeglichene Stimmung sorgte: Mit seinen üblichen Zaubertricks wie Charme, übernatürlichen sozialen Fähigkeiten und seiner Leidenschaft fürs Scheinwerferlicht war er genau der Richtige, um Menschen mit Unsicherheiten oder Befindlichkeiten dazu zu bringen, sich ganz wie zu Hause zu fühlen. Einmal machten wir über viele Tage verteilt ein großes Shooting mit sämtlichen *Tatort*-Kommissaren für die inzwischen auch verstorbene Zeitschrift *Vanity Fair*. Für das Titelbild fotografierten wir Andrea Sawatzki und Jan Josef Liefers. Als Sawatzki im Studio ankam, wirkte sie nervös. Sie ging die für sie vorgesehenen Kleider durch, fand aber offenbar nicht, was sie sich erhofft hatte – da kam Theo, pflanzte seinen dicken kleinen Hintern auf ihre nackten Füße und atmete tief durch: In diesem Moment verfiel Andrea Sawatzki dem Mops (inzwischen hat sie selber einen), entspannte sich, und alles war gut. Schließlich ging es um das Titelfoto, Andrea Sawatzki wurde auf die linke Seite gesetzt, Jan Josef Liefers auf die rechte. Theo seinerseits hatte noch keinen Fototermin erlebt, bei dem er nicht der Star war, und sah keinen Grund, sich von Andrea Sawatzki oder Jan Josef Liefers die Show stehlen zu lassen. Er trabte eilig ins Set, setzte sich genau in die Mitte zwischen die beiden Schauspieler und begann zu posieren: »Ich wäre dann so weit!« Es bedurfte einiger Überredungskunst und mehrerer Frikadellen, Theo davon zu überzeugen, dass er bei einem *Tatort*-Shooting nur für die gute Laune der Anwesenden zuständig war, nicht für die Vervollkommnung des Fotos.

Selbst Harry, mein Zitteraal von einem Italienischen Windspiel, der vor den meisten Dingen große Angst hat, fremden Leuten grundsätzlich misstraut und in ungewohnter Umgebung praktisch nicht zu gebrauchen ist, vergisst seine Neurose, wenn es um Fotoaufnahmen geht: Sobald er die Scheinwerfer auf sich gerichtet fühlt, entspannt er sich, setzt sich in Pose und schläft irgendwann seelenruhig ein – egal, wie viele Fotografen, Assistenten oder Make-up-Leute herumstehen, pfeifen, mit Kekstüten rascheln, damit die Hunde in die Kamera gucken oder die Ohren aufstellen.

Mir ist das rätselhaft. Kommen Sie mir jetzt bloß nicht mit dem alten Spruch »Wie der Herr, so 's G'scherr«.

Hundeleute

Hundeleute sind die Leute, die sich deutschlandweit im Morgengrauen in Parks und auf Wiesen treffen, um mit eingespeichelten Bällen und Stöcken zu werfen. Noch vor ein paar Jahren hätte ich Hundeleute nicht zu meinem sozialen Umfeld gezählt, weil ich um sieben Uhr früh einfach meine Ruhe haben will – aber da hatte ich auch noch keinen großen schwarzen Pudel, der den Austausch mit anderen Hunden sucht, und ein wildes Italienisches Windspiel namens Fritz, der seine Tobestunden mit anderen Vierbeinern braucht.

Ich fühle mich den Hundeleuten sehr nah, obwohl ich keinen von ihnen mit Namen kenne. Wir pflegen eine informelle Intimität, obwohl wir nur die Namen unserer Hunde wissen. Unsere Identität reduziert sich auf »Filous Frauchen«, »die Besitzer von Paul« oder »Lisas Herrchen«. Wir haben alle die gleiche Mission: Unsere Hunde per Spiel und Spaß körperlich zu ertüchtigen, bis sie erschöpft zusammenbrechen und die nächsten paar Stunden zu Hause fest schlafen (oder, wie in Fritz' Fall, wenigstens ein wenig ruhen), anstatt sich mit dem Zerkauen unserer Schuhe oder anderer teurer Accessoires zu amüsieren.

Hundeleute verschwenden keine Zeit mit Small Talk, sondern kommen direkt auf den Punkt.

»Mirabelle hat ja wieder Durchfall«, sagt Frannies Frauchen.

»Ja, sie frisst schon seit Tagen ganz viel Gras«, erklärt Mirabelles Frauchen.

»Hast du es mal mit geriebenem Apfel versucht?«, fragt Louis' Herrchen.

»Emma hat letzte Woche einen Waschlappen heruntergeschluckt«, erzählt Emmas Frauchen. »Der kam zwei Tage später im Ganzen wieder heraus.«

Mit jeder Unterhaltung über Lisas Allergie gegen Rindfleisch oder Filous Leidenschaft für Grillabfall fühlt man sich einander ein bisschen näher, ein bisschen weniger als Außenseiter in dieser kalten, fremden Welt. Wo sonst hätte ich erfahren, wo man spottbillige Kackbeutel aus recyceltem Plastik bestellen kann? Uns Hundeleuten geht es um gegenseitige Unterstützung und Aufrichtigkeit. Neben uns wirken die Eltern von Menschenkindern wie Anfänger.

Manchmal dauert es eine Weile, bis man die passende Clique gefunden hat. Allein in meinem Kiez gibt es drei völlig unterschiedliche Hundeszenen. Im Park scheinen die meisten Hunde Abitur zu haben. Als mein brauner Pudel Ida sich weigerte, einem dekorierten Rhodesian Ridgeback ihren Ball zu überlassen, fragte mich sein Frauchen – ich schwöre auf einen Stapel *Alsa*-Hundekataloge –, ob Ida »Probleme mit Rassendiversität« habe.

In dem kleinen Park hinter einer Konzerthalle dagegen verkehrt eine ganz andere Sorte – die Hunde stammen ausnahmslos aus schlechten Verhältnissen, und das Reinrassigste, was ich dort getroffen habe, war ein Pitbull, den sein Frauchen gefunden hatte.

Alle Hundeleute eint dabei die Furcht vor dem Ordnungsamt, das alle Leute mit hohen Geldstrafen belegt, die ihre Hunde ohne Leine laufen lassen oder keine Hundemarke dabeihaben. Sie sind »die Bösen«, die die Strafe willkürlich erhöhen, wenn sie vermuten, die Hundebesitzer hätten »vorsätzlich« gehandelt.

So kam es, dass ich in eine weitere Hundeclique stolperte, auf einem verlassenen Golfplatz, der nicht als Grünfläche gilt und wo man vor »den Bösen« unbehelligt mit seinen Hunden spazieren gehen kann. Wir sind eine zusammengewürfelte Gruppe: Buddys Frauchen, Max' Herrchen und Baylas Besitzer. Gestern kam noch eine Neue dazu, Leons Frauchen, die neu in der Gegend ist. Erstaunlich, wie gut ich sie in den vierzig Minuten kennengelernt habe, die wir zusammen Bälle warfen und Hundehaufen aufsammelten. Leon hat Ohrmilben, Angst vor Rollkoffern und schläft am liebsten auf den kühlen Kacheln im Bad. Mal sehen, ob sie bald ein fester Teil unserer Clique wird: Schließlich sind wir Hundeleute, jeder ist uns willkommen.

Alle außer »den Bösen«.

Multitasking

Ich habe jetzt endlich herausgefunden, woran es liegt, dass Hunde nicht gehorchen, wenn man sie ruft. Sie kennen doch auch diesen Satz, Hunde lebten so beneidenswert »im Hier und Jetzt«? Was das bedeutet, ist Folgendes: Wenn Fritz eine Fährte hat, ist er »hier und jetzt« auf dieser Fährte, und sonst nix. Ob ich ihn rufe, ob ich Purzelbäume schlage oder mir die Haare raufe: Es stört ihn nicht. Hier und jetzt hat er eine Spur in der Nase, und die gilt es zu verfolgen. Anschließend kommt er dann ja auch wieder. Luise und Ida sind nicht ganz so fokussiert: Sie lassen sich durchaus abrufen, wenn ich sie im richtigen Moment anspreche. Ich glaube, das liegt daran, dass sie Hündinnen sind, und Frauen sind grundsätzlich besser im Multitasking: Die bekommen »Spur verfolgen UND Ohren auf« offenbar besser hin. Und schließlich ist Multitasking das große Credo unserer Zeit: Wir haben doch alle das Gefühl, unsere Zeit zu vergeuden, wenn wir nicht mindestens zwei Sachen gleichzeitig machen – telefonieren und E-Mails schreiben. Kolumne schreiben, während nebenbei in der ARD-Mediathek die verpasste Folge des letzten *Tatort* läuft, auf Facebook Freunde sortieren und *Spiegel-Online* lesen. Lesen und Sport machen. Neulich habe ich ein Zitat von der Schauspielerin Jennifer Connelly gelesen, die behauptete: »Beim Sex lese ich gerne ein Buch. Und telefoniere. Es ist erstaunlich, wie viel man währenddessen erledigen kann.«

Für mich wäre das nichts. Aber grundsätzlich fühle ich mich beim Jonglieren mit verschiedenen Aufgaben pudelwohl. Ich komme mir ungeheuer effizient vor, als würde ich extrem viel schaffen und könne die Zeit, die mir bleibt, optimal nutzen. Sich über längere Zeit nur mit einer Sache befassen? Pah! Ungefähr so antiquiert wie Schnupftabaksdosen.

Eine Freundin schickte mir neulich einen Artikel von *Spiegel Online*, nachdem ich ihr erzählt hatte, dass ich beim Telefonieren mit ihr eine völlig absurde Überweisung ans Finanzamt erledigt hätte. In dem Artikel stand, dass das Phänomen Multitasking ein großer Irrtum sei, von dem man sich schleunigst verabschieden sollte. Wir erliegen der Illusion von Effizienz, doch wie schon meine Mutter richtig erkannt hat, verlangsamt sich dadurch in Wirklichkeit unser Denken: Der Mensch ist gar nicht in der Lage, erfolgreich mehrere Dinge auf einmal zu tun. Neurowissenschaftler und Psychologen haben herausgefunden, dass unser Hirn der Doppelbelastung gar nicht gewachsen ist und sich immer nur mit einem Problem befassen kann. Wir mögen zwar glauben, dass wir mehrere Dinge gleichzeitig erledigen, doch in Wirklichkeit springen wir zwischen den Aufgaben hin und her. Wir springen zwischen E-Mails, Telefonaten und Facebook-Seiten hin und her, und bei jedem Umschalten verlieren wir ein paar Nanosekunden, denn die Neuronen brauchen nun mal Zeit, um auf Touren zu kommen. In USA hat man errechnet, dass Multitasking einen wirtschaftlichen Schaden von 650 Milliarden Dollar pro Jahr verursacht.

Ich weiß nicht, wie es Ihnen geht: Aber das kann ich mir nicht leisten. Was man mit 650 Milliarden Dollar alles machen könnte! Und selbst, wenn es in meinem Leben nur um einen Bruchteil davon geht: Ich gelobe, mir ein Beispiel an meinen Hunden zu nehmen und meine Aufmerksamkeitsspanne wieder etwas zu verbessern, die momentan allenfalls mit einer Atomuhr gemessen werden kann. Mein Gebot der Stunde heißt Monotasking. Ich werde mich jeder Aufgabe, die sich mir stellt, länger als die üblichen dreißig Sekunden widmen.

Wundern Sie sich also nicht, wenn ich in Zukunft etwas schlechter gehorche.

Generationsprobleme

Gestern sagte jemand zu mir, Hunde zu haben sei ja genauso wie Kinder zu haben, und meinte damit den betriebenen Aufwand. Dem möchte ich hiermit in aller Deutlichkeit widersprechen. Ich verstehe die dauernden Vergleiche zwischen Kindern und Hunden sowieso nicht: als hätte man Hunde anstelle von Kindern, oder umgekehrt. – Natürlich ist es mühsam, jeden Tag stundenlang bei Wind, Wetter und Schnee mit dem Hund spazieren zu gehen, und in der Tat müffeln Hunde manchmal – von den Haaren in der Wohnung ganz zu schweigen. Aber insgesamt bekommt man im Zusammenleben mit Hunden im Vergleich eine ganze Menge weniger Ärger für sein Geld. Mit Hunden muss man keine Französischvokabeln lernen, sie gehen durch keine Rosa-Inferno-Prinzessin-Lillifee-Phase und brauchen kein iPhone; man muss sie nicht dazu überreden, Abitur zu machen und jahrelang Problemgespräche mit ihren Lehrern führen; Hunde blockieren nicht das Badezimmer und geben einem auch nicht dauernd das Gefühl, man wäre tausend Jahre alt und längst nicht mehr von dieser Welt. Hunde dagegen spenden in Zeiten von Unsicherheiten und Trauer Trost. Der Sohn einer Bekannten war da weniger mitfühlend und schrieb zu ihrem sechsundvierzigsten Geburtstag – als wäre das nicht schlimm genug – auf Facebook: »Happy Birthday, Fetti.« Eine Freundin erzählte neulich, ihr fünfzehnjähriger Sohn sage immer, wenn sie aus der Dusche käme: »Hmmm, altes Fleisch.« Meine Hunde würden so etwas nie äußern. Mag sein, dass das als Witz gemeint ist, aber diese Sorte von Humor muss man sich erst jahrelang in Teenager-Humor-Camps erarbeiten. Die gleichen Teenager, die irre humorvoll sind, wenn es um ihre Eltern geht, sind allerdings komplett spaßfrei, sobald es sie selbst betrifft: Wehe, man macht etwa einen launigen Kommentar zu ihrer Frisur, für die sie am Tag mehr Zeit aufwenden, als es dauerte, die Sixtinische Kapelle auszumalen. Hunde brauchen auch keine Turnschuhe, die ungefähr so viel kosten wie ein Kampfhubschrauber, dabei aber technisch viel weiter entwickelt sind, weil sie leuchten, unter den Fersen kleine Rollen besitzen, oder was man sonst so braucht, um effektvoll die Straße zu überqueren. Mein Patensohn hat solche mit kleinen Luftpumpen innen, deren orthopädischer Vorteil darin besteht, dass sie siebenmal so viel kosten wie normale Turnschuhe. Gewöhnliches Herumlaufen wird zu einem hochgradig komplexen Vorgang. Neulich morgens schrie er, obwohl er schon viel zu spät dran war: »Halt! Ich muss erst meine Turnschuhe aufpumpen!«

Nicht auszudenken, wenn er einmal nicht total aufgeblasen in die Schule käme.

Hunde stellen einen auch bei weitem nicht so in Frage, wie Kinder das tun. Meine Hunde finden nichts schöner, als den Abend an meiner Seite zu verbringen – was man von Kindern nicht behaupten kann: Die Mitglieder einer normalen modernen Familie verbringen höchstens dann noch einen Abend gemeinsam, wenn sie zusammen in einem Aufzug eingesperrt sind. Kinder sehen die Älteren längst nicht mehr als Quelle von Weisheit und Wahrheit – meine Generation tat das jedenfalls nicht. Wir bezogen alle unsere Wahrheiten von mittlerweile verstorbenen Rockstars, in deren Venen mehr Drogen flossen als die gesamte deutsche Pharmaindustrie innerhalb eines Jahres herstellen kann. Wir betrachteten unsere Eltern als fremdartige Lebensformen, die uns unglaublich auf die Nerven gingen, wenn sie uns rieten, Zahnarzt zu werden oder Anwalt, anstatt eine Karriere zu verfolgen, die uns wirklich erfüllend und bedeutungsvoll erschien, wie etwa Seehundtrainer oder Zitherrestaurator; wir waren außer uns vor Empörung, wenn sie unsere Entscheidung in Frage stellten, jemanden zu heiraten, den wir erst ein paar Tage kannten und noch nie bei Tageslicht gesehen hatten.

(Und wie empört wir erst ein paar Jahre später waren, als wir uns scheiden ließen und uns zum Medizinstudium einschrieben.)

Das alles kann einem mit Hunden nicht passieren. Die finden alles toll, was man macht, Hauptsache, sie dürfen dabei sein. Vor allem beim Seehundtraining.

Vorsicht vor Mücken und Elefanten!

Hunde leben gefährlich. Wenn man sich bei Hundespaziergängen so umhört, ist es geradezu ein Wunder, dass so viele Hunde die zahllosen Gefahren überhaupt zwölf, dreizehn Jahre überleben – ganz abgesehen von den offensichtlichen Risiken wie Autos! Fahrräder! Fremde Hunde! Würmer! Bevor man Hundespielsachen erwirbt, überprüft man selbstverständlich das Herkunftsland – wer kauft denn noch Spielsachen aus China? –, denn mit Stöcken dürfen Hunde nicht mehr spielen: Sie könnten sich ja das Holz ungünstig in den Gaumen rammen! Außerdem könnte der Hund den Stock fressen und die Holzstücke sich im Darm querlegen, was dann ausgesprochen teure OPs nach sich ziehen würde. Pferdeäpfel dürfen die lieben Caniden auch nicht fressen, weil man nicht weiß, womit die Pferde zuletzt entwurmt wurden (*falls* sie entwurmt wurden, was wiederum ein weiteres Problem darstellen könnte). Grillabfälle dürfen sie natürlich sowieso nicht fressen, aus Bauchwehgründen oder schlimmstenfalls: der Vergiftungsgefahr wegen; Schokolade und Pralinen führen zum sicheren Tod, und beim Frisbeespielen kann sich hund die Beine brechen. – Wer gut genug zuhört, kann problemlos Material für ein Siebenhundert-Seiten-Worst-Case-Szenario-Handbuch sammeln und weiß bald zweitausend Gründe, sich lieber doch für ein Aquarium zu entscheiden.

Man muss sich das alles natürlich nicht anhören. Das Problem ist nur: Mit Hund im Schlepptau wird man frei verfüg- und ansprechbar für die gesamte Umgebung. Im Kontakt miteinander werden Hundebesitzer ihren Hunden sehr ähnlich, die statt höflich Hallo zu sagen erst einmal die Nase an den Po des Gegenübers halten, ohne die üblichen Formalitäten des Kennenlernens oder der Abgrenzung. Das macht es manchmal schwierig, Fremdkontakte richtig zu dosieren: Flucht ist sinnlos, ein Entkommen gibt es nicht. Beispielsweise vor der Dame im Park, die ihre beiden kleinen Wuschelhündchen stets an der kurzen Leine ausführt, und die jeden Morgen auf mich wartet, um mich auf meinen Runden zu begleiten. Ich fragte sie, ob ihre Hunde nicht ohne Leine mit meinen spielen könnten: Nein, weil ihre Hunde so klein seien, könnten sie sich gegebenenfalls die Wirbelsäule verletzen, wenn einer meiner Rabauken da ungünstig drauf träte. Als mein Windhund Harry aus einer Pfütze trank, schüttelte sie angeekelt den Kopf. »Das sollten Sie ihm nicht erlauben«, sagte sie. »Davon kann er Leptospirose bekommen.« Ich murmelte, ich hätte nicht gewusst, dass man die von Pfützenwasser bekommen könne. »Dieser Krankheitserreger liebt schmutziges Wasser«, erklärte sie mit warnendem Unterton. »Harry, komm da weg«, sagte ich lahm. Ein paar Tage später warf Ida ihren Ball in den Bach und tauchte begeistert danach. »Das kann tödlich enden«, sagte die Dame düster. »In solchen Gewässern leben Giardien. – Die sich ganz leicht auf Menschen übertragen«, fügte sie hinzu. Sie kenne jemanden in Gelsenkirchen, der sich bei seinem Bassett angesteckt habe. »Die Frau hat achtzehn Kilo abgenommen, bevor man endlich herausfand, an was sie litt.« Im Geiste begann ich, die Dame Kassandra zu nennen: nach der Figur aus der griechischen Mythologie, die ständig Unheil voraussah, aber nirgends Gehör fand.

Als meine schwarze Großpudelin Luise nach Wühlmäusen buddelte, schüttelte Kassandra unheilvoll ihr Haupt. Die Wühlmäuse seien nicht ernsthaft in Gefahr, meinte ich beruhigend. »Ich mache mir um den Hund

Sorgen, nicht um die Wühlmäuse«, sagte sie. »Die haben rasiermesserscharfe Klauen. Wenn sie den Hund im Todeskampf damit erwischen, können sie die Augen des Hundes vernichten.« Als mein Windspiel Fritz in Ermangelung eines Balles mit kleinen Kiefernzapfen spielte, japste sie fassungslos nach Luft. »Wissen Sie denn nicht, dass er damit seine Luftröhre verschließen kann?«, fragte sie. Ich versicherte ihr, ich habe einen Spezialkurs im Heimlich-Manöver für Hunde absolviert.

Ich wartete nur auf den Moment, in dem sie auf das Thema Borreliose zu sprechen kommen würde. Kassandra sah ihren Moment gekommen, als meine Hunde begeistert durchs Unterholz rannten und begann eine Geschichte, die eine großartige Vorlage für Stephen King abgegeben hätte. Das Opfer war irgendein entfernter Verwandter ihres Mannes, ich habe es vergessen, obwohl sie mir kein einziges Detail ersparte, bis ich erwähnte, dass ich gegen Zecken bei den Hunden ein Spot-On-Präparat vom Tierarzt verwendete und seither keinerlei Probleme mehr hätte. Dieses eine Mal schien die Dame mit mir übereinzustimmen. »Es funktioniert«, sagte sie – und fügte dann mit warnendem Unterton hinzu: »Nur eben zu gut.« Ich wartete. »In diesen Fällen springen die Zecken nämlich direkt vom Hund auf den Menschen«, sagte sie. »Und Sie selbst benutzen dieses Mittel doch bestimmt nicht, oder?«

Schachmatt.

Als ich noch in Kalifornien wohnte, wurde ich im Hundepark immer vor den großen Klapperschlangen gewarnt, die morgens nur darauf warteten, dass unschuldige Hunde des Wegs kamen. In Florida sind Hunde das Lieblingsessen der Alligatoren, und in Köln darf man seinen Hund keine Sekunde aus den Augen lassen, weil er in null Komma nix von der russischen Mafia gekidnappt und nach Moskau verkauft wird. Mir wurden Geschichten von Hunden zugetragen, die von Füchsen angegriffen oder mit Wildschweinen in Streit geraten waren, vor den Füßen ihrer Besitzer von Jägern erschossen worden waren, Glasscherben gefressen hatten oder vergiftet worden waren. *Shining* ist ein Dreck gegen so ein durchschnittliches Hundeleben.

Diese durchaus schockierenden Geschichten bescherten mir eine ganz neue Erfahrung: Meine Routine gewordenen Spaziergänge wurden nun plötzlich von einem Gefühl der Ungewissheit und des gefährlichen Abenteuers begleitet. »Wer weiß, was uns heute passieren wird?«, sage ich neuerdings zu meinen Hunden, bevor wir losgehen. Das Leben ist ein Wagnis, dem man sich täglich erneut stellen muss.

Größenwahn

Dass es auf die Größe nicht ankommt, ist eine weitverbreitete Lüge. Andererseits spielt bei der Körpergröße aber oft eher die gefühlte Realität als die objektive Wahrnehmung eine Rolle. Sonst würden Hundebesitzer, deren Dreißig-Kilo-Wuchtbrumme begeistert versucht, mit einem völlig überforderten Fünf-Kilo-Klappergestell zu spielen, das bereits vor Angst quietscht, nicht immer in beruhigendem Ton zum jeweiligen Kleinhundebesitzer sagen: »Das klären die schon von alleine!« Ein gerne und häufig wiederholter Standpunkt, den man im umgedrehten Fall übrigens nie hört.

Wobei wir neulich just diesen umgedrehten Fall erlebten: Wir trafen Bonbon, einen dreieinhalb Kilo schweren

Malteser-Pudelmischling, ein fluffiges weißes Ding, dessen Persönlichkeit eine Mischung aus Kamikazekämpfer und Selbstmordattentäter ist. Er findet nichts dabei, sich Hunden an die Gurgel zu werfen, die um ein Vielfaches größer sind als er. Würde er dreißig Kilo wiegen, hätte man ihn rund um die Uhr der Maulkorbpflicht und dem Leinenzwang unterworfen.

Er wiegt aber keine dreißig Kilo, und Bonbons Besitzer finden seinen Größenwahn charmant. Dann lernten wir ihn kennen. Bonbon sah Luise, Ida, Harry und Fritz entspannt in seine Richtung traben, warf sich in Pose – mit aufgestelltem Kamm wirkte er bestimmt fünfzehn Millimeter größer – und brüllte los. Die vier ignorierten ihn völlig, obwohl mir so schien, als wechselten sie einen Blick. Bonbon war empört und warf sich in Luises Gesicht, wobei er lauthals zeterte. Luise hob ihren Kopf etwas höher und betrachtete Bonbon mit amüsiertem Gesichtsausdruck, als wolle sie sagen: »Kein Hirn, aber Chuzpe.«

Luises Nachsicht machte den kleinen Kreuzritter nur noch wütender. Er war wild entschlossen, diesen Kampf zu gewinnen, doch dafür musste es erst einmal zu einem kommen. Er schoss hinter Luise her, die mit lässigem, federndem Schritt vorantrabte, machte einen Satz, packte ihre Rute und klammerte sich an ihren langen Haaren fest. Sobald seine Beine wieder den Boden berührten, legte er todesmutig den Rückwärtsgang ein, knurrte, schüttelte Luises Rute und gab sein Bestes. Luise ihrerseits weigerte sich einfach, den kleinen weißen Fluff dahinten wahrzunehmen, trabte weiter und zog Bonbon hinter sich her wie einen winzigen Wasserskifahrer.

Bonbon war außer sich vor Wut, dass er einfach nicht ernst genommen wurde, und hielt nach einem anderen Opfer Ausschau: Da fiel sein Blick auf Fritz.

Er schoss auf mein Windspiel Fritz zu und wollte seinen Rutentrick wieder anwenden, rutschte aber an Fritz' glattem Fell ab und musste dann improvisieren, indem er Fritz am Hinterbein zu packen versuchte.

Fritz fuhr herum und drückte Bonbon mit seiner rechten Vorderpfote zu Boden. Bonbon kämpfte einen Moment, bis Fritz einen einzelnen, tiefen Knurrlaut ertönen ließ. Die Wirkung trat umgehend ein: Bonbon erstarrte, als wäre er vor Schreck gestorben.

Zufrieden nahm Fritz langsam seine Pfote von Bonbon, betrachtete den bewegungslosen kleinen Hund eine Sekunde lang und marschierte davon, um sich wieder um seine eigenen Angelegenheiten zu kümmern. Bonbon blieb ganz still liegen. Er schielte erst nach rechts, dann nach links, um zu sehen, wo das gefährliche Windspiel abgeblieben war. Vorsichtig hob er den Kopf. Als er das Gefühl hatte, die Luft sei rein, stand er auf, schüttelte sich, und ging quasi pfeifend seines Weges.

Neulich trafen wir Bonbon wieder im Park. Fritz warf nur einen kurzen Seitenblick auf Bonbon, der sofort umkippte und tot spielte, bis sein Herr und Meister über den Hügel spaziert war.

Ich wünschte, ich könnte meine Grenzen auch nur ansatzweise so klar setzen.

Natur ist gefährlich

Neulich musste ich mehrere Hundert Euro zahlen, weil mein Auto nicht anspringen wollte. Schuld war nur die Natur. Sie ist völlig außer Kontrolle.

Grundsätzlich bin ich ja *für* die Natur. Ich bin sogar für Natur, wenn sie erschreckende Formen annimmt wie z.B. die Form von Haien oder Schlangen, weil ich weiß, dass Haie oder Schlangen wichtige Bestandteile des Ökosystems darstellen.

Aber ich finde, die Natur sollte da bleiben, wo sie hingehört. Schlangen beispielsweise gehören nach Asien. Und sollten nicht in europäischen Gärten leben, wenn sie dafür keine schriftliche Genehmigung haben. Vor allem sollten sie nicht in *meinem* Garten herumliegen. Genau das tat aber eine wirklich lange, dunkle Schlange, die ein Muster aus Rechtecken auf dem Rücken trug und dabei sehr nonchalant aussah – Miss Kaltblütig sozusagen. Trotzdem beunruhigte sie mich, weil mir nur ein Grund einfiel, warum so eine Schlange im Garten liegt: Weil sie entweder einen jungen Vogel, einen jungen Hund oder mich fressen will. Diese Schlange hatte mir schon ein paar Tage lang aufgelauert; ich hatte sie schon vorher an anderer Stelle im Garten gesehen, als ich mit meinen Hunden spielte, die dabei einen sehr wachsamen und beschützerischen Eindruck machten. Die Schlange hielt ganz still, was ein alter Schlangentrick ist, damit man sie für einen Gartenschlauch oder eine Gummischlange hält. Solche Kniffe funktionieren nur, wenn der Beobachter den IQ eines Tic Tacs besitzt, weshalb es hervorragend bei meinen Hunden klappte, die sehr entspannt an der Schlange vorbeischlenderten. Ida stieg sogar *über* ein Stück der Schlange. Wäre die Schlange ungefährlich gewesen, hätten die Hunde sie natürlich auf den ersten Blick entdeckt. Harry z. B. explodiert jedes Mal in hysterischen Bell-Attacken, sobald er sieht, wie sich der Rasensprenger bewegt. Ein sanftes, unauffälliges, klassisches Gartengerät, das noch nie in seinem Leben eine falsche Bewegung gemacht hat, aber Harry ist *überzeugt*, dass es eine bösartige Kreatur ist, die nur auf den richtigen Moment wartet, um sich heimtückisch aufzubäumen und tödliche Wassermengen über den hilflosen Opfern auszuspucken.

Ich wollte den Hunden die Schlange zeigen. Sie kamen mit aufmerksamem Gesichtsausdruck zu mir und schnüffelten an meinem Zeigefinger, ob vielleicht Wiener Würstchen daran klebten. Die Schlange hielt noch immer still und dachte sich wahrscheinlich: »Es wird ein Kinderspiel sein, diese Person zu vergiften.«

Seither trage ich im Garten stets einen Regenschirm bei mir als eine Art Schlangenableiter.

Inzwischen haben Sie vermutlich vergessen, dass ich Ihnen eigentlich von meinem Problem mit meinem Auto erzählen wollte. Es startete nicht, also kam der ADAC. Der ADAC-Mann versuchte erst einmal, das Auto zu starten (nur für den Fall, dass ich einfach zu doof dafür war), überprüfte dann den Tank (fast voll), und öffnete dann die Motorhaube. »Ha!«, rief er aus. Er warf mir einen finsteren Blick zu. »Kein Wunder.« »Kein Wunder – was?«, fragte ich bang. Er hielt ein kaputtes Kabel hoch. »Marder!«, brachte er verachtungsvoll zwischen den Zähnen hervor.

Das meine ich, wenn ich sage: Die Natur ist außer Kontrolle. Es ist doch nicht *natürlich* für Marder, Autokabel zu fressen. Sie sollten sich von dem ernähren, was das Ökosystem für sie bereithält, wie Dönerreste und alte Schulbrote am Straßenrand. Ich glaube, die Natur will sich an uns rächen, weil wir sie permanent misshandeln. Ich fürchte, wenn Sie eines Tages nichts mehr von mir hören, dann deshalb, weil die Polizei in meinem Garten eine Schlange gefunden hat, die offenbar gerade ein gewaltiges Mahl verschlungen hat, dazu ein Auto, das als Fluchtwagen nicht taugt, weil ein Marder die Kabel gefressen hat, und natürlich Harry, der unverdrossen den Rasensprenger anschreit.

Schönes Haar ist dir gegeben

Die Bedeutung der Frisur im modernen Leben kann gar nicht genug betont werden. Komplette Karrieren werden darüber entschieden, wie das Haar liegt oder fliegt. Wie sehr eine gute Frisur hilft, ernst genommen zu werden, lässt sich fabelhaft am Beispiel meiner Hunde aufzeigen. Die Windspiele, die ihr Fell windschnittig kurz und in rasanten Farben tragen, erregen überall Bewunderung; ihnen wird von vornherein hohe Intelligenz unterstellt (dabei unterstelle ich Harry manchmal die Aufmerksamkeitsspanne einer Ameise), während die Pudel den gleichen Eindruck bei Fremden nur so lange erwecken, wie sie ihr Haar kurz und modern gestylt tragen. Sobald sie etwa acht Wochen nicht beim Scheren waren und lässig langhaarig-zottelig daherkommen, wird ihnen umgehend ein eingeschränktes Denkvermögen unterstellt (wie damals in den Siebzigern: lange Haare = Kiffer). Denken Sie an die vielen Showpudel: Opfer ihrer Frisur.

Haare machen Leute. Denken Sie an die Kanzlerin, deren Frisur lange Zeit ihre Problemzone war. Dann fand sie ihren Stil, den sie seither mit so viel Haarspray fixiert, dass sie eine Herde Büffel damit bewegungsunfähig machen könnte, und von nun an glaubte man ihr praktisch alles. Oder denken Sie an Veronika Ferres. Obwohl sie die schauspielerischen Fähigkeiten einer Salatschleuder hat, ist sie ein großer Star – weil sie einfach sehr schöne Haare hat, weshalb sie zu Anfang ihrer Karriere einen rundlichen Männertraum namens Loreley spielen durfte. Uschi Glas dagegen hat es nie mehr richtig geschafft, seit man kurze Haare nicht mehr onduliert.

Die meisten Leute – dabei denke ich vor allem an Frauen – hassen ihre Haare. Meiner Erfahrung nach denken alle Frauen, die sich beiläufig im Spiegel sehen, jedes Mal, sie sähen aus wie explodierte Handfeger. Also gehen sie zum Friseur, so etwas wie der Psychotherapeut für den Haarbereich, und verlangen die Ponyfrisur von Heidi Klum, häufig mit ungünstigem Ergebnis. In den siebziger Jahren gab es das auch schon einmal, als Millionen von Frauen den Farrah-Fawcett-Haarschnitt anstrebten und hofften, sie würden dann auch wie Farrah Fawcett aussehen. In Wirklichkeit sahen sie nur aus wie Showpudel, die in eine Wanne mit Peroxid gefallen waren.

Frauen, wacht auf! Nur weil man jemandes Frisur kopiert, sieht man doch nicht aus wie diese Person! Wenn ich mir die Haare wie Angela Merkel schneiden ließe, sähe ich dann aus wie die Kanzlerin? Nein! Ich sähe aus wie Uschi Glas, aber ich habe gelernt, damit zu leben.

Meine Kindheit war geprägt von dem Jingle: »Schönes Haar ist dir gegeben, lass es leben mit Gard!«, und jahrelang probierte ich mit Hilfe verschiedenster Haarprodukte, meine Haare einzeln zu sortieren. Mittlerweile habe ich resigniert. Ich versuche seit dreißig Jahren ohne den geringsten Erfolg, meine Haare dazu zu bringen, sich einem einfachen Seitenscheitel zu unterwerfen. Ich will nichts als eine gerade Linie, so wie Verona Pooth oder eine Käthe-Kruse-Puppe. Jeden Morgen nach dem Duschen versuche ich, mit Bürste, Föhnlotion und Föhn meine Haare zu stylen. Meine Haare finden das sehr amüsant. Sie kichern vergnügt, tanzen im Wind meines Föhns und summen dabei »Running wild, lost control«.

Wie wäre es damit als Haar-Jingle? Auf Anfrage sende ich Ihnen gerne meine Kontonummer.

Wird er lästig, werd ich listig

Es kamen wirklich unglaubliche Geräusche aus der Wohnung meines Nachbarn. Es klang, als würde sich eine Herde Bisons im gestreckten Galopp bewegen. Dann dumpfe Schreie. Und geradezu irres Gebell.

Ich bin wirklich niemand, der sich über ein bisschen Krach wundert, geschweige denn beschwert. Aber dies hier klang nach Ausnahmezustand, also beschloss ich, bei meinem Nachbarn zu klingeln.

Mein Nachbar öffnete. Er ist Vorstand einer sehr großen Firma, trägt hervorragend sitzende Anzüge, seine Frisur ist so schnittig wie sein Auto. Er hat sein Leben im Griff.

Jetzt sah er aus wie ein Wahnsinniger. Sein Schlips saß schief, er rang nach Luft, seine Augen blitzten irre. »Ich wollte nur fragen, ob ich irgendwie helfen kann?«, fragte ich vorsichtig.

»Ich werde Gimlet umbringen!«, presste er hervor. Gimlet ist der sechs Kilo schwere, blonde Cairn Terrier, mit dem mein Nachbar sein Zuhause teilt (wer »besitzt« schon einen Terrier). »Wenn ich ihn erwische, ist er tot!« Ich wusste, dass mein Nachbar scherzte, aber nur gerade mal so eben. »Ich habe eine Konferenz – ich *hatte* vor einer Stunde eine Konferenz, aber Gimlet lässt sich nicht an die Leine nehmen, damit ich ihn zum Hundesitter bringen kann. Ich krieche seit einer Stunde unter allen Möbeln hinter ihm her.«

Ich musste beinahe lachen: Hier war ein mächtiger Mann, der sein professionelles Leben absolut unter Kontrolle hatte – und im italienischen Maßanzug auf allen vieren hinter seinem sehr kleinen Hund herkroch.

Ich kenne eine Menge Hunde, die einen wirklich guten Sinn für Humor haben. Vor allem Terrier amüsieren sich gerne mal auf Kosten ihrer Besitzer. Ich sah Gimlet um die Ecke linsen und hätte schwören können, dass er grinste. Terrier können das.

Mein Nachbar nahm wieder Gimlets Verfolgung auf, und der Hund raste wie ein winziger blonder Dynamo vergnügt bellend davon.

»Ich glaube, Sie sind zu wütend«, sagte ich etwas lahm.

»Wütend? *Natürlich* bin ich wütend!«, fauchte er. Ich versuchte, ihm zu erklären, dass das so nichts werden konnte: Erstens lieben Terrier Fangspiele und zweitens wäre Gimlet schön blöd gewesen, zu seinem mittlerweile vor Wut fast feuerspeienden Menschen zurückzukommen. Und Gimlet war nicht blöd.

»Haben Sie eine bessere Idee?«, fragte er mich. »Wie bringe ich ihm bei, zu mir zu kommen, wenn ich das will?«

»Durchatmen wäre schon mal gut«, meinte ich. »Im Moment sind Sie nicht in der Verfassung, dem Hund irgendwas beizubringen. Sie sind stocksauer, und Gimlet weiß das. Wenn Ihre Mitarbeiter vor Ihnen Angst haben, arbeiten sie dann noch gut mit Ihnen zusammen?« Mein Nachbar sah mich finster an. »Ich würde vorschlagen, Sie holen ein Stück Käse und bieten ihm den an«, meinte ich. »Es muss doch auch ohne Bestechung gehen«, schnaubte mein Nachbar. »Sehen Sie es als Bezahlung«, sagte ich. »Sie arbeiten doch auch nicht für Mindestlohn.«

Mein Nachbar stapfte zum Kühlschrank, holte ein Stück Käse und wedelte damit herum. Gimlet betrachtete ihn interessiert, hüpfte gutgelaunt zu ihm, akzeptierte manierlich das Stück Käse und ließ sich im Gegenzug friedlich anleinen. Mein Nachbar sah mich etwas weniger böse an. »Ich bin nicht sicher, ob Sie mir sympathisch sind«, sagte er, aber ich glaube, er scherzte wieder. Dann rannte er mit fliegenden Rockschößen zu seinen Terminen. Er hätte unglaublich viel Zeit sparen können, hätte er sich gleich überlegt, wie er seinen Hund in seiner Sprache ansprechen könnte, anstatt darauf zu bestehen, dass es so geschehen sollte, wie er es wollte. Aber Gimlet würde ihm das schon noch beibringen.

Spaziergangskrise

Hundespaziergänge haben auch eine dunkle Seite. Jeder Hundebesitzer kennt das: Bei allem Potential, Abstand von den täglichen Dingen zu bekommen, das innere Gleichgewicht wiederzufinden und sich selbst in Einklang mit der Natur zu bringen, können sie auch zu Langeweile führen, Déjà-vus auslösen, Genervtheit, Depression und – in Extremfällen – echte Verzweiflung. Wenn man nicht aktiv am Hundespaziergang teilnimmt und sich nicht der Welt stellt, schleicht sich Routine ein: Dieser Baum oder der nächste – wenn man nicht genau hinsehen will, sehen sie alle gleich aus.

Dem Hund geht es da ganz anders. Auch wenn er ein Gewohnheitstier zu sein scheint, haben seine Gewohnheiten doch einen Inhalt, der uns verborgen bleibt, eine olfaktorische Welt geheimnisvoller Düfte und berauschender Pheromone. Jeder läppische Grasstreifen ist offensichtlich mit Abwechslungen gewürzt. Der Hund prüft seine gesellschaftlichen Verpflichtungen, macht sich eine geistige Notiz zu dem Neuankömmling in der Nachbarschaft, flirtet und gibt mit seiner Männlichkeit an, löscht ähnliche Botschaften seiner Rivalen aus und lässt sich auf ausschweifende Briefpostdiskussionen ein, wer sich rechtmäßig als Superhund bezeichnen darf und wer nur ein jämmerlicher Piesler ist.

Ich dagegen habe manchmal das Gefühl, ich würde mich auf einem riesigen Monopoly-Brett bewegen, immer ums gleiche Karree. Hund uriniert an diesen Baum, Hund uriniert an den nächsten Baum, Hund sucht in diesem Busch nach alten Schulbroten – und morgen wieder das Gleiche. Manchmal fühle ich mich wie in meiner persönlichen Version von *Und täglich grüßt das Murmeltier*, wobei ich natürlich besser aussehe als Bill Murray.

Neulich kam ich nachts sehr spät von einer Party. Draußen war es eisig kalt, ich war todmüde, hatte viel zu viel geredet und war einfach alle, das Haus war warm, ich freute mich auf mein Bett. Ich hatte fast vergessen, dass ich überhaupt Hunde hatte, bis die Bande sich auf der anderen Seite der Tür freute wie verrückt, dass ich endlich wieder da war. Ich war – genervt, ich gebe es zu. Wie war es möglich, dass diese Hunde sich ununterbrochen darauf verließen, dass ich ihr Escort-Service war? War es vielleicht meine Schuld, dass die Gattung Hund einen wichtigen Schritt in ihrer evolutionären Entwicklung verpasst hatte? Woher kam diese Anspruchshaltung? Gab es da eine Klausel in irgendeinem vorzeitlichen Vertrag zwischen Mensch und Hund, die ich übersehen hatte?

Ich versuchte es mit der letzten Zuflucht des zögerlichen Hundeausführers – ich öffnete die Gartentür und zeigte nach draußen. War das nicht eine gute Alternative? Erwarte ich meinerseits, dass jeder Gang zum Klo als Freizeitaktivität gestaltet wird? Meine Hunde starrten mich verständnislos an. Mein Vorschlag kam für sie überhaupt nicht in Frage. Es war ein Showdown: alles oder nichts. Sie bestanden auf einem richtigen Spaziergang, sie und ich gemeinsam aus der Haustür hinaus in die große Welt.

Fluchend gab ich nach. Meine Hunde beobachteten genau, wie ich meine Stiefel anzog, Anorak, Schal und Handschuhe. Wir spazierten hinaus in die gar nicht milde Nacht.

Draußen hing ein riesiger Mond über den Bäumen. In keinem anderen Haus war noch Licht zu sehen, nicht einmal das Flimmern eines Fernsehers. Es fühlte sich an, als gehöre die Stadt uns. Die Hunde liefen ohne Leine und gestalteten die neuesten Hundenachrichten. Die Luft war klar, über uns war ein unglaublicher Sternenhimmel. Es war tatsächlich eine wunderschöne Nacht.

Das ist das Komische an Hundespaziergängen: Man übernimmt gezwungenermaßen eine Pflicht, eine, die man eben gerade noch wirklich, wirklich hasste – und ist zu guter Letzt auch noch dankbar dafür.

Lieben heißt loslassen können

Vor einiger Zeit starb der Hund einer Freundin. Vierzehn Jahre hatten sie miteinander verbracht, die Frau war schier untröstlich, der Kummer schien unermesslich. Manche Leute versuchten, ihre Hilflosigkeit zu überspielen, indem sie meinten, es sei »doch nur ein Hund« – als könne dieses Argument den Verlust irgendwie schmälern oder die Trauer eingrenzen. Dabei ist es doch so: Vierzehn Jahre – oder elf Jahre, oder auch nur fünf Jahre oder drei – sind eine lange Zeit, um sie mit einem anderen Lebewesen zu teilen. Und es spielt keine Rolle, ob ein Mensch stirbt oder ein Hund: Man liebt sie ja doch ganz ähnlich, ganz und gar, in guten wie in schlechten Zeiten, sie begleiten einen durch einen bestimmten Abschnitt des eigenen Lebens, den sie dabei auch stark bestimmen. Und mit ihrem

Tod ist auch dieser Lebensabschnitt vorbei, endgültig. Man ahnt gar nicht, wie sehr man sich daran gewöhnen kann, bei Gruselwetter und mitten in der Nacht mit dem Hund rauszugehen, dass man diese Aufgaben, auf die man oft wirklich gerne verzichtet hätte, vermissen kann, genau wie das Klimpern des Halsbandes oder den Seufzer, den Hunde machen, wenn sie sich im Korb umdrehen. Obwohl man ein Hundeleben lang weiß, dass der Hund früher sterben wird, als man glauben will, ist es immer zu früh. Man muss sich wirklich über sich selbst wundern, warum man sich das eigentlich antut: Sein Herz an ein Wesen zu hängen, das gerade dann stirbt, wenn man sich richtig an es gewöhnt hat.

Als ich klein war, unterstützte meine Großmutter immer mein unersättliches Bedürfnis nach Haustieren, weil sie fand, es bringe mir bei, dass das Sterben zum Leben gehöre. An Fischen und Kaulquappen lernt man das ganz schnell, aber vor allem bei Tieren, zu denen man eine Beziehung aufbaut, tut es richtig weh. Insofern müsste ich ein Experte in Sterbensfragen sein, so viele Tiere verschiedenster Arten habe ich schon begraben. Und es zerreißt mich jedes Mal wieder, obwohl sie mir längst beigebracht haben, dass das Sterben zum Leben gehört. Vor allem habe ich durch das Leben mit Tieren, insbesondere Hunden, schon als Kind gelernt, ein netterer Mensch zu sein. Wegen meiner Haustiere wurde ich geduldiger, verantwortungsvoller, weniger ichbezogen. Wegen meiner Hunde lernte ich, ein anderes Wesen vor meine eigenen Bedürfnisse zu stellen, und das erlebe ich an allen Menschen, die an ihren Hunden hängen. Es muss für Menschen, die keine Tiere haben, schwer sein zu verstehen, dass man eine richtige Beziehung zu einem Tier haben kann. Die Beziehung zu einem Hund, dessen soziale Bedürfnisse unseren so sehr ähneln, gleicht in vieler Hinsicht der Beziehung zu einem

Menschen; man macht den Bogen, den ein Leben macht, nur deutlich schneller mit: Vom ganz jungen Hund, der beschützt, erzogen und geführt werden muss, bis hin zum alten, arthrosegeplagten, schwerhörigen Hund, der Schwierigkeiten beim Aufstehen hat und mit dem die Spaziergänge mehr ein Spazierenwackeln sind, erlebt man alle Agonien und Wonnen, Sorgen und Freuden, Höhen und Tiefen, die das In-Beziehung-zu-jemandem-Stehen eben mit sich bringt. Die Zeiten ändern sich. Die Dinge ändern sich mit ihnen. Und in dem Lauf eines Hundelebens lernen wir, unsere Hunde gern zu haben, obwohl sie nie etwas sagen – manchmal genau deshalb –, obwohl sie uns irremachen und wir zu großen Teilen ihrer Welt nie Zugang haben werden. Wir entdecken, was ihnen Spaß macht, was uns an ihnen Spaß macht, und dass da jemand ist, mit dem wir bedingungslos herumalbern und ganz wir selbst sein können. An unseren Hunden lernen wir, besser zu lieben. Klingt ganz einfach, oder? Es kann aber ein Leben lang dauern.

Das Gute an Hunden ist, dass sie sich so sehr lieben lassen. Es ist ein großes Geschenk, wenn man einen Hund hatte, der einen so furchtbar traurig machen kann.

Auf die Kacke gehauen

Als Hundebesitzer könnte man meinen, die Welt um einen herum sei von Hundekot besessen. Für Nichthundehalter ist die Kreatur »Hund« offenbar untrennbar mit seinen Exkrementen verbunden. Längst werden diese nicht mehr als verdauliche Ausscheidung betrachtet, sondern als rein emotionales Ärgernis. Wer bei einer Abendesseneinladung erwähnt, dass er einen Hund hält, muss damit rechnen, dass bis zum Dessert ausführlich über die Unhygiene von Hundehaufen gesprochen wird. Es ist praktisch unmöglich, über Hunde zu sprechen, ohne gleichzeitig über ihre Hinterlassenschaften zu reden. Sogar in jeder Talkshow, in die ich je eingeladen wurde, um über meine Bücher zu sprechen, musste ich mich früher oder später der Frage stellen, was ich eigentlich zum Thema Hundehaufen zu sagen hätte. Um es einmal deutlich auszusprechen: Ich kann nichts dafür, dass manche Leute ihre Hundehaufen nicht wegräumen, genauso wenig, wie ich etwas dafür kann, dass manche ihre Tempotaschentücher auf die Straße schmeißen (obwohl ich manchmal auch welche benutze) oder Plastikmüllsäcke mit Rasenschnitt im Wald abladen (obwohl ich auch einen Garten habe). Und für mich persönlich haben Hunde mehr zu bieten als ihre Exkremente.

Es sind immer dieselben, die ihre Haufen nicht wegräumen – die, die sowieso auf den Staat scheißen, oder ältere Herrschaften, die immer noch glauben, die Hundesteuer sei eine Kack-, keine Luxussteuer (als habe man aufgrund der Kfz-Steuer auch Anspruch auf einen Parkplatz). Von solchen unangenehmen Zeitgenossen einmal abgesehen, finde ich, dass die meisten Hundehalter recht gewissenhaft hinter ihren Hunden aufräumen: Achten Sie doch mal auf den Straßenrand, was da alles so herumliegt – Hundehaufen sind da noch das kleinste Übel. Aber der anständige Bürger glaubt, das Recht zu haben, jeden Hundehalter zu maßregeln. Wenn der Hund sich hinhockt, um sein »Geschäft« zu erledigen, bleiben Leute demonstrativ stehen, um aufzupassen, ob man auch alles wegräumt, oder fragen in militärischem Ton: »Brauchen Sie eine Tüte?« – Die brauche ich selbstverständlich nicht; ich habe immer und überall welche dabei, sogar in meinen Abendtaschen und den Taschen meines Schlafanzuges.

Einmal wurde ich, während ich die Hinterlassenschaften meiner eigenen Hunde entfernte, markig aufgefordert, die fremden Haufen daneben doch auch gleich wegzumachen.

Nicht auszudenken, was passieren würde, wenn man einmal nicht genügend Tüten dabeihaben sollte. Was dann? Würde man öffentlich zur Schau gestellt? An den Haaren vors Ordnungsamt gezerrt? Bekäme man gar die Hände abgehackt? Bei dem Gedanken allein bricht mir der kalte Schweiß aus.

Andererseits wird es dem manierlichen Hundehalter nicht leicht gemacht, die Hinterlassenschaften seines Hundes zu entsorgen. Mülleimer sind in vielen Gegenden dünn gesät. Neulich warf eine Hundebesitzerin aus Halle bei ihrem Spaziergang durch eine Wohngegend den ordentlich zugeknoteten Gassibeutel ihres Hundes in eine zum Leeren auf die Straße gestellte private Mülltonne. Die Besitzerin der Tonne schoss zeternd aus dem Haus und war so empört über diesen »Übergriff«, dass sie schließlich drohte, der Hundehalterin den Beutel hinterherzuwerfen.

Hundekot nervt. Rechthaber und Klugscheißer auch. Sind wir jetzt quitt?

Auf dass die Welt ein besserer Ort werde.

Prachtkerle gibt's nur im Fernsehen

Meine Hunde verführen häufig andere Leute zu Hundehalterphantasien: Wer sie nur ab und zu sieht, könnte das Leben mit ihnen mit einer Hundefutterwerbung verwechseln. Sie wissen schon: Wo ein frisch gewaschenes Hündchen gutgelaunt angehüpft kommt und manierlich ein Tellerchen Hundefutter mit Petersiliendeko verspeist und anschließend immer noch ganz sauber mit seinem Frauchen auf dem weißen Sofa ein Buch liest. Das ist der Tunnelblick in die Hundephantasien von Leuten, die keinen Hund haben und nicht ahnen, dass Hundehaltung zu einem großen Teil auch darin besteht, Sand und gelbe Pfützen wegzuwischen und im strömenden Regen oder bei Eiseskälte draußen herumzurennen. Wer sich einen Hund wünscht, träumt vom perfekten Hund, der innerhalb von zwei Tagen stubenrein wird, nie mit anderen Hunden streitet, sich nicht in grauenvollen Dingen wälzt, sondern mit jeder Faser seines Herzen seinen Herrn liebt, Kleinkinder vor dem tosenden Verkehr rettet und tausend Kilometer durch Schneestürme zurücklegt, um seinen Herrn wiederzufinden, der ihn versehentlich am Nordpol zurückgelassen hat. So einen Hund hätte ich auch gern. Meine Hunde würden zum nächsten Supermarkt laufen und sich dort einmieten.

Und der Fehler liegt nicht bei meinen Hunden: Den perfekten Hund gibt es nicht. Ebenso wenig, wie es den perfekten Mann oder die perfekte Frau gibt. Wir müssten es doch längst besser wissen: Nur, weil sie uns in der Werbung so gut gefallen, laufen wir doch nicht los und suchen uns das Ebenbild von George Clooney oder Heidi Klum (sehen Sie sich die Leute mal genauer an, die sich hauptsächlich von Espresso und Hamburgern ernähren: In Wirklichkeit riechen die komisch) – und wenn wir's täten, wäre das der Beweis, dass wir entweder erst dreizehneinhalb sind oder ernsthafte psychologische Unterstützung benötigen.

Nur bei Hunden findet keiner etwas dabei. Da wird ein Border Collie gekauft, weil er in *Ein Schweinchen namens Babe* so klug wirkt – das ist er auch, aber er wurde dafür gezüchtet, am Tag zweitausend Schafe über weite Strecken zu hüten: Wer kann ihm das im normalen Leben schon bieten? Oder der Australian Shepherd, der bei Günther Jauch hundertvierzig Worte unterscheiden konnte – sind Sie einem Genie zeitlich gewachsen? Der schnittige Husky mit den stahlblauen Augen – dafür da, über Hunderte von Kilometer Hundeschlitten in der Arktis zu ziehen: Der soll nun damit zufrieden sein, in warmen Gefilden durch die Fußgängerzonen zu schreiten?

Den perfekten Hund kann man sich nicht kaufen, den perfekten Hund muss man sich erziehen. Man muss mit ihm spielen, ihn ausbilden und sich genau überlegen, welche Sorte Hund in das eigene Leben passt. Den richtigen Hund zu lieben ist leicht; die, die dann eben doch nicht passten, findet man später in Tierheimen. Dabei würde jeder von denen zu jemand anderem passen.

Das Leben ist keine Cesar-Reklame. Sogar von meinen Hunden, die ich normalerweise für mein besseres Selbst halte, ist einmal in der Woche einer zur Adoption frei, weil er mit Matschpfoten übers Sofa gelaufen ist oder das Roastbeef für die Gäste gefressen und sich anschließend auf dem Teppich übergeben hat. Ich übertreibe natürlich. Aber nicht sehr.

Ich gebe zu: Keinen Mann habe ich so akribisch auf Charakterstärke, Beschäftigungsanspruch und Liebesfähigkeit getestet wie meine Hunde. Aber ich kenne auch wenige Beziehungen, die fünfzehn Jahre lang so glücklich waren wie die zu meinen Hunden.

Vogelnahrungsengpassüberbrückungsmaßnahmen

Mit Einbruch des Winters ist der naturfreundliche Balkon- oder Gartenbesitzer alle Jahre wieder gefordert, die Singvögel der Umgebung zu füttern. Ich nehme diese Verantwortung sehr ernst: Und weil ich zwischenartliche Konkurrenzkämpfe, unterschiedliche Nahrungsbedürfnisse und außerdem meine Kurzsichtigkeit berücksichtigen muss, habe ich in meinem nicht sehr großen Garten sechs verschiedene Futterplätze eingerichtet. In der Morgendämmerung eile ich also durch den Garten, hänge Meisenknödel und Müslizapfen auf, fülle schalenfreie Kerne und getrocknete Früchte ins Vogelhaus und Erdnüsse (mit Schale) in Futtersilos, verteile süßliche Äpfel auf dem Boden und streue für die bodennahen Vögel Futter auf den Boden.

Sobald ich die Terrassentür wieder hinter mir geschlossen habe, verwandelt sich mein Garten in einen internationalen Flughafen. Ich habe drei verschiedene Meisensorten gezählt, Rotkehlchen, eine Türkentaube, einen einsamen Spatz, Kleiber, mehrere Gimpel, einige Finken und einen Zaunkönig. Außerdem ungefähr fünfundzwanzig Amseln, die wie unheilvolle Friedhofsboten schwarz und aufgeplustert auf dem Zaun sitzen und den Eichelhähern zusehen, wenn die ins Vogelhaus einfallen und wenig höflich alles, was ihnen nicht hundertprozentig zusagt, erbarmungslos herausfegen.

Meine Hunde betrachten meine Vogelnahrungsengpassüberbrückungsmaßnahmen als ihr persönliches Vogel-TV-Programm. Sie sitzen den ganzen Tag vor der Terrassentür und starren nach draußen, als würde ihnen dort eine Hundeversion von Hitchcocks *Die Vögel* geboten. Wenn die Eichelhäher sich kloppen – was ungefähr alle acht Minuten vorkommt –, bellt die schwarze Luise mahnend: Sie duldet keine Auseinandersetzungen auf ihrem Terrain. Gestern sah ich, wie sie versuchte, die Meisenknödel zu fressen, was ich mir nur mit Futterneid erklären kann. Obwohl ich bei der Fütterung jedweder Lebewesen in meinem Umfeld natürlich auf Qualität achte: So, wie ich meine Hunde nur mit Fleisch von glücklichen Biotieren und gutgelauntem Gemüse ernähre, bekommen die Vögel in meinem Garten nur Futter von Spezial-Vogelfutterherstellern, Fettknödel mit getrockneten Insekten darin und Nusszapfen, deren ausgewählte Zusammensetzung sich wahrscheinlich auch positiv auf meine eigene Konstitution auswirken würde, wenn ich endlich anfinge, mich selber vernünftig zu ernähren. Als ich meinem Bruder in meiner ornithologischen Begeisterung erzählte, ich hätte gerade einen Karton getrockneter Mehlwürmer geliefert bekommen, fragte er ohne mit der Wimper zu zucken: »Ach – machst du gerade eine Diät?« Mein Bruder hatte natürlich einen Witz gemacht. Die Mehlwürmer waren als Proteinquelle für die Amseln und Meisen gedacht.

Die Vogelhäuser meiner Nachbarn haben so gut wie keinen Besuch. Offenbar hat sich in der Vogelwelt längst herumgesprochen, dass nur wenig entfernt ein Spezialitätenrestaurant aufgemacht hat. Bei Nachbars wäre es zwar viel weniger stressig – aber dafür gibt es eben auch nicht so viel zu gucken. Vögel sind da offenbar ähnlich wie Menschen, die eine neue In-Bar entdeckt haben: Auch wenn sie keinen Tisch bekommen, bleiben sie mit dem Drink in der Hand stundenlang am Rande des Geschehens stehen – dabei sein ist alles.

Keine Ahnung, was ich in den Winterferien machen soll:

Ich kann die Vögel ja nicht hängenlassen. Gibt es Tiersitter für Wildvögel im Garten? Sie sehen: Man braucht gar keinen Hund, um sich »angehängt« zu fühlen.

Die Hochzeits-Crasherin

Ich sage ja nicht, dass es ein Spaß ist, Vater der Braut zu sein. Aber als Besitzerin des Blumenhundes ist es auch nicht lustig.

Blumenhund, Sie haben richtig gelesen. Ich wurde gefragt, ob ich meine Pudelin Ida, die allerlei Kunststücke beherrscht, für die Hochzeit einer Freundin zur Verfügung stellen würde, um mit einem kleinen vierjährigen Mädchen Blumen zu streuen. Ida sollte das Blumenkörbchen tragen. Der Job eines Blumenkindes ist es, vor Braut und Bräutigam einherzugehen, niedlich auszusehen und den Weg zum Altar mit Blütenblättern zu bestreuen, was ich persönlich für Augenwischerei zu einem sehr frühen Zeitpunkt halte, denn es ist wohl klar, dass man in der Ehe eher nicht auf Rosen gebettet wird.

Blumenhund oder Blumenkind zu sein ist jedenfalls eine große Verantwortung, die es mit sich bringt, dass das Kind ein spezielles Kleid, spezielle Schuhe, spezielle Kniestrümpfe und eine spezielle Frisur braucht, um die sich zu kümmern Wochen dauert. Der Blumenhund braucht ein spezielles Halsband, ein spezielles Körbchen und speziell gutes Benehmen, um das sich zu kümmern Jahre dauert. Ich übe mit meinen Hunden immer wieder Kunststücke, sozusagen als Absicherung: Falls alle Stricke reißen, kann ich immer noch beim Zirkus anfangen. Ein Körbchen halten konnte Ida schon, sie war nur nicht hundertprozentig firm darin, in ungewohnter Umgebung damit herumzuspazieren. Das übten wir nun auf der Straße, in Geschäften, bei Freunden, wobei Ida mit dem kleinen Körbchen vorauslief, es aber gewöhnlich sofort fallen ließ, sobald ihr irgendetwas wichtiger vorkam, und ich wie ein Lakai hinterherlief, das Körbchen auflas und ihr erneut übergab. Schon nach wenigen Tagen warteten alle Nachbarkinder auf uns, um uns dann wie eine johlende Karawane zu folgen. Früher oder später überzeugte Ida diese Art der Ablenkung davon, dass sie ihr Körbchen besser festhielt, komme, was wolle.

Es kam der große Tag, Ida war frisch gebadet und gebürstet und wurde dem Blumenmädchen vorgestellt, einem blonden, engelsgleichen Kind in rosa Chintz.

Dann ging es los. Ich saß recht weit vorne in der Kirche und betete, alles möge gutgehen. Die Kirchentür ging auf, die Orgel begann zu spielen, und das Blumenkind erschien, den Blumenhund fest am rosa Chintz-Griff. Ida hielt das Körbchen mit den Blütenblättern im Maul, aber als sie die ungewohnte Orgel hörte, wurde sie einen Schritt schneller. Das Kind neben ihr fiel in einen leichten Trab, auch das Brautpaar legte an Tempo zu, um die Choreographie einhalten zu können. Die Blütenblätter flogen nur so nach allen Seiten. Ida war eindeutig nicht glücklich über die Orgel (wie hätte ich das mit ihr üben sollen?), aber ihr Gesicht hellte sich auf, als sie mich erblickte. Die Hochzeitsgesellschaft geriet ins Stocken, weil Ida unbedingt bei mir bleiben wollte. Das Blumenkind, praktisch veranlagt, versuchte, Ida den Korb abzunehmen, um pflichtbewusst wenigstens ihren Job zu Ende zu bringen, aber Ida hielt den Korb fest. Das Kind zog am anderen Ende. Ida gab nicht nach, denn so viel hatte sie gelernt: NICHT den Korb loslassen! Das Kind gab nicht nach, denn sie war vier Jahre alt, und Vierjährige geben aus Prinzip nie nach. Die Hochzeitsgäste kicherten. Der

Pfarrer bewies sowohl Contenance wie auch ein echtes Pokerface, als er die Zeremonie fortsetzte, obwohl die Balgerei zwischen dem Blumenpersonal verbissen andauerte – und zwar genau bis zu dem Moment, als sich das Brautpaar Richtung Kirchentür wandte. Plötzlich erinnerten sich Blumenkind und -hund wieder an ihre Bestimmung, rannten los, um irgendwie VOR das Brautpaar zu gelangen, wobei die Braut sanft zur Seite geschubst wurde – und weil sie so schön in Fahrt waren, rasten die Blumenbeauftragten einfach weiter, das Körbchen fest im Griff, nach draußen, ins Freie, ins Licht.

Ein unvergesslicher Tag, so viel steht fest.

Wenn das Outfit zum Autschfit wird

Neulich habe ich am Wannsee einen Yorkshire-Terrier in einem rosa Rüschenkleidchen gesehen.

Ich möchte mich nur ungern als Moralapostel der Hundewelt aufspielen, aber ich finde: Das geht zu weit. Was kommt als Nächstes? Pitbulls im Bikini? Schäferhunde auf hohen Absätzen?

»Wie der Herr, so 's G'scherr«, lautet das alte Sprichwort, und sicher: Der Hund sollte irgendwie zu einem passen. Aber das heißt nicht, dass der Hund sich dem Trachtenfaible seines Herrchens anpassen muss, oder dem Leoparden-Look seiner Halterin. Ist das Besondere an Hunden nicht auch, dass sie uns so gut erden?

Bis zu einem gewissen Grad haben auch meine Hunde durchaus ein Faible für schicke, hochwertige Accessoires: Meine braune Pudelin Ida hat noch nie einen Schuh von mir vernichtet, der weniger als hundertfünfzig Euro gekostet hatte. Einfachen Turnschuhen kann sie dagegen nichts abgewinnen. Bisher hat sie auch nur Unterwäsche von La Perla gefressen, schlichte Baumwollwäsche ignoriert sie.

Dagegen interessiert es Hunde nicht im Geringsten, was sie selber am Körper tragen – solange niemand über sie lacht. Hunde haben nämlich durchaus ein Gefühl für Würde. Und es ist die Pflicht und Schuldigkeit des Hundehalters, diese zu bewahren.

Das bedeutet also: keine Kleidchen, keine Matrosenanzüge und vor allem: kein Glitzerschmuck für Hunde. Keine Tiaras. Keine Strassbarette. Keine Glitzerhalsketten in Fuchsia mit Glücksanhänger, keine Süßwasserperlenketten: Hunde sind doch keine Discostars! Würde man sie fragen, sähen sich die meisten Hunde bestimmt lieber als Gary Cooper denn als Mariah Carey.

Glitzeranhänger, Strasssteine und ähnlicher Tand degradieren Hunde zu Lifestyleobjekten. Sie sehen dann aus wie der Fiffi von Paris Hilton, und das hat kein Hund verdient.

Glitzeranhänger an Hunden sind so ironiefrei wie Ohrstecker an Babys. Glitzer am Hund sieht so aus, als habe man es nötig: Dabei gibt es keinen Grund, den Hund als wandelnde Discokugel oder als Einkommensnachweis zu missbrauchen – dafür hat man doch schon das Auto.

Das Gute an Hunden ist doch, dass sie uns dauernd daran erinnern, was Instinkte sind. Sie haben eine biologische Natur, gegen die wir meistens nicht ankommen. Sie heben das Bein, kläffen die Nachbarn an und fressen am liebsten Dinge, die grün schillern. In ihren Körpern – egal, wie zart und zitterig – schlummert noch immer das Herz eines wilden Wolfes. Nicht das einer amerikanischen Eisprinzessin.

Stellen Sie sich mal vor, Ihr Hund wälzt sich in einem halbverwesten Maulwurf – wie bekommen Sie dessen prämumifizierte Barthaare zwischen dem Halbedelsteinbesatz am Halsband wieder heraus? Im Lieferumfang der Hersteller sind jedenfalls keine geeigneten Pinzetten inbegriffen, so viel steht fest.

Kummertante Ida

Neulich kam eine Freundin zu Besuch, die gerade von ihrem Mann verlassen worden war. Sie suchte Trost, und dafür sind Freunde schließlich da. Luise war trotz nachgewiesener Sensibilität wenig an der Szene interessiert, Harry machen labile Stimmungen sowieso nervös, und Fritz war beschäftigt, den Inhalt aller Papierkörbe zu schreddern. Nur Ida schien Mitleid zu haben. Sie holte ihren grünen Gummiball, den sie der Freundin sanft aufs Knie legte. »Bis gestern dachte ich, ich hätte eine glückliche Ehe«, sagte meine Freundin mit einer Stimme, die mir schier das Herz brach. Ida schob den Ball auf dem Knie ein winziges Stück weiter Richtung Hand. »Was passiert jetzt mit mir?«, schluchzte meine Freundin. »Was wird aus meinem Leben?« Ida saß direkt vor ihr und machte ein Gesicht wie ein Kind am Weihnachtsabend. Wollen Sie wissen, was dieser Hund sich dachte? Ich übersetze mal:

»Hallo, fremde Person, die du hier auf unserem Sofa in unserem Wohnzimmer sitzt – ich sehe, dass du traurig bist, aber ich weiß genau das Richtige für dich. Ich habe einen Plan, der es mir wirklich schwermacht, still zu sitzen. Es ist mehr als ein Plan, es ist eine *wichtige Botschaft*. Es ist das Wichtigste, was ich seit langem zu sagen hatte. *Ich habe dir etwas hingelegt, das du werfen musst.*

Wenn du mal nach unten schaust, siehst du es gleich. Es ist das grüne Ding, das auf deinem Knie liegt. Es ist nass und klebrig und zäh, genau wie ein grünes Werf-Ding sein sollte. Wirklich, ich sage dir: Diese Gelegenheit solltest du nicht verpassen. Hörst du mir überhaupt zu? Hast du überhaupt bemerkt, dass ein großes weiches grünes Ding auf deinem Knie liegt, oder bist du so mit Weinen und Jammern und Naseputzen beschäftigt, dass du die wirklich bedeutenden Dinge des Lebens übersiehst? Wie das *grüne Ding auf deinem Knie*, das du unbedingt werfen solltest?

Ich helfe dir mal ein bisschen: Ich starre das Ding jetzt an. Stell dir einen Laserstrahler vor, der direkt aus meinen Augen kommt und folge ihm zu der Stelle auf deinem Knie ... Da. Genau.

Also entweder siehst du das Ding jetzt oder du musst mal zum Augenarzt.

Die einzige Erklärung für dein Desinteresse ist, dass du mich absichtlich ignorierst. Aber wieso solltest du das tun? Das macht überhaupt keinen Sinn.

Vor allem, weil du dir selbst viel mehr schadest als mir. Echt: Du bist derjenige, der hier eine sensationelle Möglichkeit verpasst. Ich rede von der Möglichkeit, unglaublichen Spaß zu haben, die Art von Spaß, von der andere Leute nur träumen. *Ich rede von der Möglichkeit, ein grünes nasses Ding zu werfen.*

Denk doch mal eine Sekunde darüber nach.

Ich will dir ja keine Vorträge halten, aber im Leben gibt es Momente, die sich vielleicht nie wieder bieten. Ich glaube fest daran, dass dies genau so ein Moment für dich ist. Jetzt wirf das Ding oder du wirst es dein Leben lang bereuen!

Ich meine, ich kann dich ja nicht daran hindern, wenn du dir lieber selbst beim Reden zuhören willst. Er hat nicht angerufen, er hat dies nicht gemacht, das nicht gemacht, blablabla. Echt faszinierend.

DONNERWETTER NOCH MAL, HÖR MIR DOCH

ENDLICH MAL ZU! Sieh mir in die Augen und spiel mit!

Nimm das grüne Ding in die Hand.

Nimm das grüne Ding in die Hand.

Meine Güte. Wenn du während deiner Ehe auch nie zugehört hast, ist es wirklich kein Wunder, dass er jetzt weg ist. Ich wette, du hast ihm auch nie die Sachen geworfen, die er dir in den Schoß gelegt hat.

Ups. Ich gebe zu, das war jetzt unter der Gürtellinie. Ich mache es wieder gut. Ich gebe dir jetzt noch eine Chance: wenn du mal eben in Richtung deines Beines schauen würdest …? Ich habe dir noch einmal das grüne Ding hingelegt, und du wirst sehen, jetzt erreichst du es noch bequemer.

Und wenn ich du wäre, Schätzchen, würde ich mir diese unglaubliche Chance nicht entgehen lassen.«

Oben ist die Luft dümmer

An einem frühen Sonntagmorgen im Februar wollte ich mit meinem Fünf-Kilo-Hund Harry von München nach Berlin fliegen. Wir folgten damit gewissermaßen der Route von Konrad III., dem Bruder Friedrichs des Einäugigen, der im Jahr 1128 eine beschwerliche Reise von Sachsen bis zu den Alpen machte. Die hatten es damals noch leicht. Wir dagegen mussten die Route über den Münchner Flughafen nehmen.

Selbst an guten Tagen ist der Münchner Flughafen nicht besonders kundenfreundlich. Er wurde Ende der Achtziger außerhalb der Stadt am Rande des Raum-Zeit-Kontinuums erbaut, so dass man unglaubliche Strecken zurücklegen muss – auch innerhalb des Flughafengeländes. Es gibt ein Rollband, das dem Reisenden allerdings kaum Zeit spart, weil es sich im Tempo eines Wasserbüffels bewegt, der sich durch das Verdauungssystem einer Anakonda quetscht.

Dieser Tag war kein guter Tag: Als wir den Münchner Flughafen erreichten, war etwas Unglaubliches, so Außergewöhnliches passiert, das niemand aus dem Luftverkehrsbereich hätte vorhersehen können: Es schneite. Mitten im Winter! Wer hätte das geahnt? Gott sei Dank gab es am Flughafen einen Schneenotfallplan. Teil dieses Plans war allerdings offenbar, dass die Flugzeugabfertigung an Dick und Doof übergeben wurde.

Am Gate informierte uns das Bodenpersonal, unser Flugzeug habe Verspätung. Die hatte es eine Stunde später immer noch. Nach weiteren eineinhalb Stunden kam das Flugzeug endlich, und wir stiegen ein – in der Hoffnung, noch vor Einbruch der Nacht an unserem Reiseziel anzukommen. Allein: Das Flugzeug rührte sich nicht vom Fleck. Nach einer Stunde meldete sich der Kapitän, um uns den wertvollen Hinweis zu geben, dass wir mit Verspätung starteten. Mittlerweile waren drei Stunden vergangen, und Harry wurde unruhig in seiner Tasche zu meinen Füßen. Ich öffnete den Reißverschluss ein wenig, damit er den Kopf herausstrecken konnte. Eine Stewardess verteilte winzige Tüten bröseligen Inhalts mit dem launigen Aufdruck »Snack-Gebäck«, weil man den Passagieren nicht sagen kann, dass man ihnen Hamsterfutter gibt. »Der Hund muss aus Sicherheitsgründen in der Tasche bleiben«, sagte sie, als hätten wir keine anderen Sorgen. »Er bleibt in der Tasche, ich wollte nur, dass er ein bisschen Licht bekommt«, meinte ich. Die Stewardess guckte hektisch. »Die Tasche muss geschlossen bleiben«, sagte sie. »Andere Passagiere könnten sich bedroht fühlen.« Harry sieht aus wie eine Mischung aus Vogel und

Periskop und völlig ungefährlich; aber ich stopfte ihn zurück in seine Tasche, bis die Stewardess sich wieder dem Verteilen des Hamsterfutters widmete. Schließlich erklärte der Kapitän, die Tragflächen unseres Flugzeugs seien vereist, wir müssten leider umsteigen, wir würden um 14.41 Uhr abfliegen. Der neue Flieger wartete an einem Terminal am anderen Ende des Flughafens, wo wir um 14.39 Uhr mit hängender Zunge ankamen: Punkt 14.41 Uhr schlossen sich die Türen, die Motoren gingen an – und gleich wieder aus. Der Pilot erklärte, wir hätten eine Mindestwartezeit von DREI STUNDEN vor uns, weil vor uns noch ca. vierzig Flugzeuge enteist werden müssten, was offensichtlich von einem einzelnen Menschen mit einem Scheibenkratzer erledigt wurde. – Es gibt nichts Lustigeres, als mit einem Hund in der Tasche, der aufs Klo muss, einen Tag lang im Flugzeug zu sitzen – außer vielleicht, dasselbe mit einem hungrigen Kleinkind zu erleben. So wie in der Reihe vor uns. Der Pilot erlaubte uns schließlich, unsere Mobiltelefone zu benutzen, und ich erwog einen Moment lang, die Zyankali-Hotline anzurufen. Irgendwann, ungefähr acht Stunden, nachdem wir eingecheckt hatten, flogen wir schließlich los. Wir kamen völlig zermürbt in Berlin an. Mit einem Maulesel über die Alpen hätten wir nicht länger gebraucht.

Wenn die Angst mitfährt

Die Angst vor Gewalt in Bussen und Bahnen wächst – und mit ihr der Druck, die Sicherheit in öffentlichen Verkehrsmitteln und U-Bahnhöfen zu verbessern. Die Angst, überfallen und verletzt zu werden, treibt so manchen dazu, lieber zu Fuß zu gehen. Das können die Verkehrsunternehmen nicht hinnehmen: »Das Risiko, Opfer einer Gewalttat zu werden, war und ist aber in Bussen und Bahnen nicht höher als anderswo«, versichert ein Sprecher des Verbandes Deutscher Verkehrsunternehmen. Aber die aktuelle Gewaltdebatte führt dazu, dass neue Sicherheitskonzepte diskutiert und umgesetzt werden. Allein in Berlin gab es im vergangenen Jahr rund dreitausend Fälle von Körperverletzungen in Bussen und Bahnen. Parteien und Verkehrsunternehmen diskutieren Waffenverbote und Polizeieinsätze: Es wird auch Zeit. Null Toleranz! Und endlich ist der erste Schritt getan: Seit dem 1. Januar müssen in Berlin alle Hunde in öffentlichen Verkehrsmitteln Beißkörbe tragen.

»Die Eskalation der Gewalt in Bussen und Bahnen erfordert entschiedenes Handeln!«, forderte der Vorsitzende der CDU-Fraktion in Berlin, Frank Henkel. Mit dem Maulkorbzwang wurde das Problem in der Tat ganz entschieden an den Wurzeln gepackt, oder etwa nicht? Auch wenn es im vergangenen Jahr nicht einen einzigen Vorfall in Berlin mit Hunden in öffentlichen Verkehrsmitteln gab, ist es doch auf jeden Fall besser, man verhindert das Übel, bevor es stattfinden kann! Wenn die Hunde ab jetzt in Bussen und Bahnen schon mal unter Kontrolle sind, fühlt man sich doch gleich viel sicherer angesichts des zunehmenden Brutalisierungstrends. Es ist bestimmt nur noch eine Frage der Zeit, bis man auch irgendeine ähnlich effektive Lösung für Jugendliche parat hat.

Neulich wollte eine Freundin von mir mit ihren beiden Möpsen Luise und Edda Straßenbahn fahren. Luise und Edda sind sehr kleine, ältliche Hundedamen, deren Taillenumfang ein sicherer Hinweis darauf ist, dass sie ihre Zähne lieber in Kekse als in Hosenböden versenken. Man muss Möpse nicht hübsch finden, aber Tatsache ist: Luise und Edda sehen ganz und gar harmlos aus.

Die Straßenbahnfahrerin fand das nicht. Es waren nur wenige Tage seit dem 1. Januar vergangen, und meine Freundin wusste von der Verordnung nichts. Sie hatte keinen Maulkorb dabei. Tatsächlich gibt es keine Maulkörbe für Möpse, weil deren Kiefer so gebaut sind, dass kein Maulkorb darauf hält – und sie mit dieser Physiognomie sowieso nicht zubeißen können.

Der Straßenbahnfahrerin war das egal. Sie sah ihre einmalige Chance, der Gewalt in öffentlichen Verkehrsmitteln vorbeugen und dem Senat dienen zu können, und die wollte sie nicht ungenutzt verstreichen lassen. Sie warf meine Freundin aus der Straßenbahn.

Ich habe meiner Freundin nun geraten, den Möpsen Maulkörbe aus BH-Körbchen zu basteln. Möglichst aus Spitze, damit die Dinger auch luftdurchlässig sind. Jeder tut, was er kann, um zu einem gewaltfreien Nahverkehr beizutragen.

Denn sie wissen nicht, was sie tun

Fritz ist in der Pubertät. Hunde gehen wie Menschen auch durch eine solche Phase der Reifung, etwa zwischen sechs Monaten und zwei Jahren. Bei Menschen beginnt diese Phase normalerweise mit elf und hört mit etwa siebzehn auf. Bei manchen Menschen, wie z.B. meinen Brüdern, dauert die Pubertät ein Leben lang.

Fritz jedenfalls ist eindeutig mittendrin in der Pubertät. Er befindet sich in einem Zustand der permanenten Rebellion. Er hat alles vergessen, was er je beherrschte, er beharrt in geradezu grotesker Weise auf seiner Unabhängigkeit (vor allem, wenn meine vier Hunde gerade ins Auto steigen sollen) und testet mich ununterbrochen.

Bedeutet das Wort »Sitz« heute dasselbe wie gestern? »Fritz? Nie gehört, den Namen. Meinst du mich?« Wie die meisten Teenager ist er besessen von Sex, rast kilometerweit Hündinnen hinterher und macht nicht einmal vor kastrierten alten Mädchen halt, die den Charme einer kaniden Miss Marple ausstrahlen.

Wie menschliche Teenager langweilt er sich andauernd. Egal, wie ausschweifend ich das Hunde-Unterhaltungsprogramm gestalte: In den wenigen Pausen kickt Fritz imaginäre Bierdosen herum, legt sich unter meinen Schreibtisch, seufzt laut, steht wieder auf, legt sich woanders hin, versucht, auf meinen Schoß zu klettern, überlegt es sich dann wieder anders, und versucht siebenhundertdreiundzwanzig Mal hintereinander, seinen Kauknochen auf dem Sofa zu fressen, obwohl er genau weiß, dass das verboten ist. Früher ging man davon aus, die ganze Misere liege an den Hormonen, die im Körper unschuldiger Kinder und junger Hunde Pingpong spielten und sie dadurch zu seltsamen Verhaltensweisen zwängen. Inzwischen ist man klüger.

Gehirnforscher haben festgestellt, dass das Hirn von Teenagern ebenso stark wächst wie in den ersten beiden Lebensjahren. In diesen beiden Phasen beobachtet man bei Kindern die erstaunlichsten Verhaltensveränderungen. Gerade die Stirnlappen (der präfrontale Kortex) – jener Teil des Gehirns, der dem Teenager hilft, das Richtige zu tun, und der für das Kurzzeitgedächtnis zuständig ist sowie für Hemmungen und Impulssteuerungen – gehören zu den Gehirnbereichen, die das Ende ihrer Entwicklung erst lange nach dem zwanzigsten Lebensjahr erreichen. Darum sind Teenager nicht in der Lage, die Folgen ihrer Handlungen vorauszusehen. Sie können ihr Verhalten nicht wie Erwachsene steuern: Vierzehnjährige haben einfach kein sogenanntes Folgedenken.

»Mittlerweile wird immer deutlicher, dass das Teenagergehirn in vielerlei Hinsicht unfertig ist - eigentlich ist es eine einzige Baustelle. Millionen von Verbindungen zwischen Nervenzellen werden neu geknüpft, Millionen andere verschwinden«, so Elizabeth Sowell, Gehirnforscherin an der University of California in Los Angeles und eine der führenden Expertinnen auf diesem Gebiet.

Mit diesem Wissen müssen Eltern doch Fische, Frösche, Hummer und all die anderen Tiere beneiden, die ihre Nachkommenschaft in Form von Eiern irgendwo ablegen und dann ohne die Bürde der Verantwortung befreit davonschwimmen oder -hopsen. Bei dem Gedanken, pubertierende Kinder auch nur eine Stunde lang alleine in der Wohnung zu lassen, bricht selbst mir der kalte Angstschweiß aus.

Bleiben wir bei Fritz. Der hat sich plötzlich wieder darauf besonnen, Sachen zu zerkauen, wie er das zuletzt als Welpe gemacht hat. Damals beschränkte er sich vor allem darauf, Zeitungen zu schreddern. Jetzt interessiert er sich nur noch für besonders wertvolle Papiere wie Verträge oder Geld. Neulich schredderte er vierhundert Euro in Form von Zwanzig-Euro-Scheinen. Er war kurzfristig zur Adoption frei.

Heute früh stürzte sich mein pubertärer Sechs-Kilo-Hund mit Gebrüll auf den Staffordshire-Terrier des Nachbarn. Der arme Kampfhund rollte sich sofort auf den Rücken, um sich dem hysterischen Windspiel zu unterwerfen.

Beim nächsten Mal könnte die Pubertät auch ganz schnell beendet sein.

Fremde Spezies

Mir sind Leute, die Hunde lieber mögen als Menschen, unheimlich. Ich gebe zu, dass es *leichter* ist, mit Haustieren zusammenzuleben als mit dem anderen Geschlecht – weil wir Hunde nämlich als das akzeptieren, was sie sind: eine komplett andere Spezies.

Wir erwarten von Hunden nicht, dass sie anrufen, wenn sie später nach Hause kommen. Wir sind nicht beleidigt, wenn sie einem anderen Hund hinterherrennen – wohingegen ich den Satz »Der will doch nur spielen!« noch nie von einer Ehefrau gehört habe, deren Mann sich auf einer Party stundenlang mit einer anderen unterhalten hat.

Heute werden die Unterschiede zwischen Mann und Frau so konsequent weggeredet, dass wir langsam glauben, da seien keine, aber das ist natürlich Quatsch. Egal, wie viele Männer ihre Babys im Tragegurt herumtragen: Die biologische Natur von Männern ist anders.

Sie haben nicht dasselbe moralische Verständnis wie Frauen, vor allem nicht, was Treue gegenüber dem Partner anbetrifft: Für Männchen der meisten Spezies besteht der wesentliche Lebenszweck (abgesehen von der Ernährung) in der Fortpflanzung. Sie nehmen diese Verantwortung sehr ernst, was für sie bedeutet, möglichst viel Sex haben zu müssen. Auch manche Hunde sind derart entschlossen, Sex zu haben, dass sie gar nicht merken, dass das Objekt, mit dem sie sich zu paaren versuchen, ein Knie oder ein Kissen ist (würden sie es merken, wäre es ihnen auch egal, und wenn man mal einen Abend lang Männer in einer Bar beobachtet, kann man auch hier feststellen, dass Männer ab einem gewissen Punkt in der

Auswahl eines geeigneten Sexualobjekts ziemlich wahllos agieren) – dennoch betrachten wir unseren Hund als arglos, schließlich gehorcht er und ist ehrlich. Man versteht sich. Der Mann hingegen gehorcht nicht, und ehrlich ist er auch nicht. Er versteht weder, was die Frau ihm sagen will, noch, was sie überhaupt von ihm will. Er kann sich einfach nicht in sie hineinversetzen. Frauen denken zwar immer, sie wüssten, wie Männer ticken, aber das ist ein fataler Irrtum, genauso, wie wir nicht einmal ahnen, was der Hund denkt. Er ist anders als Sie. Erst, wenn sie das begriffen haben, werden Frauen den Mann als solchen ansatzweise verstehen können – und umgekehrt.

Natürlich lässt sich ein schnarchender Mops leichter aus dem Schlafzimmer tragen als ein Mann mit gleichem Problem – aber man sollte seine Liebe und Aufmerksamkeit doch wenigstens ab und zu an jemanden verschwenden, der schon stubenrein ist.

Wenn wir also feststellen, dass Männer oder Frauen sich seltsam benehmen, dürfen wir einander nicht aburteilen, sondern müssen sie auf gleiche Weise betrachten wie andere Kreaturen der Natur, z.B. Hunde oder Spatzen. Sie machen Dinge, die in unserer zivilisierten Welt unpassend erscheinen, dabei folgen sie nur Verhaltensmustern, die ihnen vor Äonen eingegeben wurden. Wenn wir Geduld und Verständnis für sie aufbringen, wenn wir versuchen zu begreifen, wie sie »ticken«, dann können wir ihr Verhalten langsam verändern und sie in besseren Gleichklang mit uns bringen.

Jedenfalls gilt das für Hunde und Spatzen. Menschen sind hoffnungslos.

Die Nackten und die Pfoten

Die Ferienzeit stellt immer wieder hohe Ansprüche an das Organisationstalent von Familienvorständen aller Art. Es gilt, die lieben Kleinen artgerecht unterzubringen und ein geeignetes Beschäftigungsprogramm aufzustellen. Auch wer mit Hund verreist, wird mit Fragen ganz neuer Qualität konfrontiert: Wo wäre er am fröhlichsten, von welchen Aktivitäten profitiert er am meisten, wo kann er sich am besten entspannen? Da die Bedürfnisse von Hunden meist ganz elementar sind, lassen sich diese Fragen recht leicht beantworten: Museumsbesuche fallen flach, Städtereisen kommen nicht in Frage, organisierte Reisegruppen können wenig Rücksicht auf ein individualisiertes Hundeferienprogramm nehmen und werden von Hunden daher abgelehnt. Alte Hunde amüsieren sich wenig bei Bergtouren, weil das Gelände häufig steinig und unwegsam ist, während jüngere Hunde Abwechslung und, wenn möglich, ein entspanntes Sportprogramm zu schätzen wissen.

Die meisten Hunde reisen gerne; es gibt ihnen die Möglichkeit, der alltäglichen Routine zu entkommen. Sehenswürdigkeiten sind ihnen sehr willkommen, wie z. B. weiche Hotelbetten. Fast alle Hunde lieben Strandferien, sofern genug Süßwasser und schattenspendender Baumbewuchs zur Verfügung steht. Dort beschäftigen sie sich gewöhnlich mit ausschweifenden Buddeleien im Sand und gehen anderen Leuten unglaublich auf die Nerven, indem sie ins Wasser springen und anschließend klatschnass und vergnügt zwischen Fremden auf deren Badehandtüchern herumzurasen, um den Felltrocknungsprozess an der Luft zu beschleunigen. Hunde merken schnell, dass sie mit diesem spielerischen Verhalten für ein großes

Hallo am Strand sorgen, also springen sie, kaum ist ihr Haarkleid leicht angetrocknet und die Stimmung wieder etwas entspannter, gleich noch einmal ins kühle Nass, um das lustige Spiel zu wiederholen und diesmal noch schärfere Kurven um fremde Badehandtücher zu laufen. Nach genügend Wiederholungen hat man gegen Ende der Ferien den Strand meist für sich allein.

Meine Möglichkeiten, ideale Ferienbedingungen für meine Hunde zu schaffen, sind sozusagen vierfach erschwert: Luise wünscht sich eine Art Eichhörnchen-Camp mit ein paar Wühlmäusen unter der Erde; Ida ist alles recht, solange in der Umgebung für möglichst viele tote Maulwürfe und Vögel, Igelkot, Kuhfladen und halbverweste Mäuse gesorgt ist. Auch, was die Wetterverhältnisse betrifft, sind Pudel ausgesprochen flexibel: Sonne lieben sie, Wind ist ihnen egal, Regen macht ihnen auch nichts aus, und Schnee betrachten sie als Geschenk der Natur.

Harry wünscht sich eine menschenleere Umgebung mit einigen wenigen Fahrradfahrern, die sich gerne jagen lassen. Wettertechnisch ist ihm Sonne in allen Facetten recht bis zu fünfunddreißig Grad im Schatten, dafür kommt Regen nicht in Frage, und Schnee ist völlig indiskutabel. Fritz wünscht sich ein ausgedehntes Buddel- und Beschäftigungsprogramm mit möglichst vielen anderen Hunden, gerne spannenden, fremden Menschen und weichen, warmen Betten – auch im Hochsommer. Zimmerservice ist bei ihm sehr beliebt, Regen und Wind lehnt er dagegen kategorisch ab.

Mit meinen Hunden zu verreisen, ist so, als sei man mit einer Pauschalreisegruppe unterwegs: Es ist unmöglich, es allen recht zu machen. Also mache ich Ferien mit Hunden am liebsten bei Eltern oder Verwandten. Man fühlt sich dort meist gleich wie zu Hause, und bei eventuellen Fauxpas kann uns nicht gekündigt werden.

Wissenswertes übers Wasserlassen

In München tobt das Oktoberfest, was für mich und viele meiner Mitbürger Anlass ist, über das Urinierverhalten unserer männlichen Mitmenschen nachzudenken. Wer in diesen Tagen mit seinen Hunden um die Theresienwiese herum spazieren gehen musste, fand keinen Baum mehr, der gerade *nicht* besetzt war. Und zwar von Zweibeinern, auch wenn sie meist besser vorangekommen wären, wenn sie sich auf allen vieren fortbewegt hätten. Wenn Männer sich in aller Öffentlichkeit erleichtern, schnalzt nie einer auch nur missbilligend mit der Zunge, sondern sieht nur diskret woandershin. Während an mir gestern eine Dame schimpfend vorbeiging, als mein Windspiel Fritz mit sportlichem Schwung sein Bein an einem Baum hob. Mir ist nicht klar, wie ich dieses Problem lösen könnte, ohne eine Suppenkelle zu zweckentfremden. Bei den Pudelmädchen würde das vielleicht funktionieren, die wirklich nur dann pieseln, wenn sie pieseln müssen. Harry und Fritz dagegen, meine kleinen Reservehunde, pieseln praktisch die ganze Zeit. Das liegt daran, dass das Rüdenleben von ständigem Streben nach effektivster Demonstration ihrer männlichen Überlegenheit geprägt ist. Wissenschaftler glauben, dass Hunde deshalb den Mond anheulen, weil sie - also die Hunde (möglicherweise auch manche Wissenschaftler) - traurig darüber sind, dass er zu hoch hängt, als dass sie an ihm ihr Bein heben könnten.

Wenn männliche Hunde sich treffen, beschnüffeln sie sich einen Moment, sprinten dann männlich-breitbeinig zum nächstliegenden Baum, um diesen zu markieren, beschnüffeln einander dann erneut und stolzieren wieder zum nächsten Pfahl, hin und her – zwei urinversprühende Testosteron-Tornados, die beide felsenfest davon überzeugt sind, sie seien der rüdeste Rüde auf dem ganzen Planeten.

Soll heißen: Für Männer hat Pinkeln eine Bedeutung, die weit über das gewöhnliche Bedürfnis nach Wasserlassen hinausgeht. Es hat mit Männlichkeit zu tun. Es ist ein wichtiges territoriales Statement. Frauen ahnen nicht einmal von der Last solcher Probleme, weil sie auch in öffentlichen Toiletten immer Zuflucht in kleine Kabinen nehmen können, während Männer derlei Privatsphäre nicht zur Verfügung haben.

Jedes Mal, wenn ein Mann eine öffentliche Toilette betritt, wird er mit einer kritischen Frage konfrontiert: Welches Urinal soll er verwenden? Sein Ziel ist es, tunlichst zu vermeiden, direkt neben einem anderen Anwesenden zu pinkeln, um nicht in dessen Territorium einzudringen. Wäre die Welt gerecht, wären Männerklos dementsprechend vierzig Meter lang. Die Welt ist aber nicht gerecht, weshalb immer die Gefahr besteht, direkt neben jemandem stehen und pinkeln zu müssen, was bedeutet, dass Männer oft im Bruchteil einer Sekunde wichtige strategische Urinalentscheidungen treffen müssen: Wenn sie allein sind, werden sie das Urinal ganz rechts oder ganz links wählen. Der Nächste, der hereinkommt, wird sich nonchalant das am weitesten entfernte Urinal aussuchen. Der Dritte, der hereinkommt, wird entweder so lange vor dem Spiegel herummachen, bis einer der beiden anderen gegangen ist, oder sich in die Mitte stellen, genügend Abstand vorausgesetzt. Alle drei werden starr nach vorne sehen, als gäbe es auf den Kacheln vor ihnen etwas besonders Interessantes zu lesen. »Tod bei Augenkontakt« wäre ein angemessenes Motto für öffentliche Herrenklos.

Was ich sagen will: Ab einem gewissen Alkoholpegel

sinkt bei Männern das strategische Denkvermögen. Sie sehen sich außerstande, die Urinalregeln einzuhalten.

Und deshalb pinkeln sie lieber an Bäume. Anders kann ich mir ihr Verhalten jedenfalls nicht erklären.

Fische sind auch keine Lösung

Meine sechsjährige Patentochter Sophie wünscht sich seit langem einen Hund. Ihre Eltern haben ihr deswegen ein Aquarium geschenkt.

Ich finde, Fische sind mit Hunden nicht zu vergleichen. Nicht nur, weil ich noch keinen Fisch getroffen habe, der apportieren lernen kann, sondern weil sie eine geradezu absurd hohe Sterblichkeitsrate haben.

Grundsätzlich bin ich sehr dafür, dass Kinder Haustiere haben. Sie lernen, Verantwortung zu übernehmen und erfahren einen wichtigen Aspekt des Lebens: dessen Endlichkeit nämlich. Sie lernen, dass Lieben auch Loslassen heißt. Wenn sie das mit den Fischen allerdings eine Weile gemacht haben, könnte der Eindruck entstehen, dass Loslassen bedeutet, den Verstorbenen im Klo herunterzuspülen.

Als Kind hatte ich auch mal Fische. Das war, bevor meine Eltern mir einen eigenen Hund erlaubten, weil sie wahrscheinlich verhindern wollten, dass ich eines Tages eine von diesen Frauen würde, die mit vier Hunden in einer Großstadt leben und lieber mit ihren Hunden spielen, anstatt sich in Nachtclubs herumzutreiben.

Meine Fische jedenfalls (orange und schwarz), die ich liebevoll Fred und Harriet getauft hatte, lebten nicht lange. Meine Eltern versuchten, die schwache Konstitution der Fische zu verbergen, indem sie sie einfach austauschten. Wenn sie mit dem Bauch nach oben im Aquarium schwammen, behauptete meine Mutter, das sei die Art, wie Fische Mittagsschlaf machten, und brachte auf dem Weg vom Büro nach Hause heimlich eine neue Harriet mit, oder einen neuen Fred. Ich kam ihnen lange nicht auf die Schlichte, bis meine Mutter sich eines Tages vertat und ich plötzlich zwei Freds im Glas schwimmen hatte und keine Harriet mehr. Danach verlor ich meinen Glauben an Erwachsene. Auch in dieser Hinsicht sind Haustiere wichtig.

Das Fischthema wurde mir von den Eltern meines Patenkindes übergeben, weil ich in meinem Umfeld prinzipiell für alles zuständig bin, was mit Tieren zu tun hat, auch wenn es um Silberfischchen geht. Ich besorgte also ein Aquarium für Sophie, befüllte es mit speziellem Wasser und speziellen Wasserpflanzen und speziellen Unterwassermöbeln, damit die Fische genügend intellektuellen Stimulus hatten. Dann wollte ich Fische kaufen. Die Kriterien meiner Auswahl waren, dass es a) Fische mit Durchhaltevermögen sein sollten und es b) sehr viele von ihrer Art gab, falls man sie harriet- und fredisieren müsse.

Ich ahnte nicht, wie ungeheuer komplex die Fischgemeinschaft ist. Ich deutete auf Fische in einem Aquarium, und der Fischverkäufer sagte: »Das sind tolle Fische, aber sehr aggressiv. Während der Paarungszeit bringen sie alle anderen Fische um.« Ich war zwar dafür, meine Patentochter an der Wahrheit über das Leben teilhaben zu lassen, aber vielleicht nicht durch Lustmord im Kinderzimmer. Aber die meisten Fische, die mich interessierten, hatten ein hohes Aggressionspotential. Sobald ich auf irgendeinen Fisch zeigte, wurde ich von dem Fischmann darüber informiert, dass gerade diese Fische unglaublich aggressiv reagierten, wenn sie in einer geraden Zahl vorhanden seien, oder in einer ungeraden Zahl, oder wenn einer die falsche Farbe habe, oder insgesamt zu wenig Weibchen dabei seien, oder zu viele (bei Fischen ist es sehr schwer, das jeweilige Geschlecht herauszufinden). Wie sich herausstellte, sind Aquarien die reinsten Pulverfässer, in denen jederzeit Gewalt ausbrechen kann, wie im Mittleren Osten oder an deutschen Schulen.

Nach langer Beratung fand ich schließlich drei pazifistisch gesinnte Fische, so friedlich, dass man aufpassen muss, dass sie nicht dauernd von irgendwelchen Aquariumwürmern verprügelt werden. Sophie liebt sie.

Aber eines würde mich schon mal interessieren: Wie steht eigentlich das Ordnungsamt dazu, dass in deutschen Wohn- und Kinderzimmern so viel Gewaltpotential schlummert? Dass im Dunkelfeld der Aquarien die Taliban der Meere schwimmen? Ahnt die Familienministerin, wie viele Kinder in ihren Zimmern passiver Gewalt ausgesetzt sind, und zwar nicht etwa durch Computerspiele, sondern durch Aquarien, die nichtsahnende Eltern und Großeltern dort hingestellt haben? Wer schützt unsere Kinder vor ihren Fischen?

Mondlandschaft von oben

Die Adventszeit ist eine Zeit der Besinnlichkeit, eine spirituelle Zeit, gleichzeitig aber auch eine tragische Zeit, in der wir alle – und damit meine ich auch Sie – unaufhaltsam zunehmen, weil wir praktisch rund um die Uhr essen, sozusagen bis zur Besinnungslosigkeit, und uns nie darauf besinnen, uns zum Ausgleich mehr zu bewegen. Geht auch schlecht, wenn der Magen immer so voll ist: Hier ein Zimtstern, da ein Stück Stollen, auf dem Weg nach Hause gehen wir über den Weihnachtsmarkt und essen noch schnell eine Vorweihnachtsbratwurst und ein paar gebrannte Mandeln, die wir mit Punsch herunterspülen, bevor wir uns zu Hause an die Weihnachtsbäckerei machen. Selbst mein Italienisches Windspiel Harry hat unübersehbar zugenommen. Sah er im Sommer noch aus wie ein Windhauch, erinnert er nach dem Konsum zerbröselter Kekse, Mandeln und zu Boden gefallener Butterflöckchen jetzt eher an ein rundes Seehundbaby, zumindest von oben gesehen. »Das macht doch nichts – so eine Speckschicht hält warm«, meinte eine Freundin, die ihrerseits auch so aussieht, als wäre ihr nur ganz selten kalt. Die meisten von uns tragen Fettdepots mit sich herum, die uns an jedes Snickers, jeden Schokokuss, jedes Stück Baumkuchen und jede heiße Maroni erinnern, die wir je in unserem Leben konsumiert haben. Der Körper ist fest überzeugt, dass wir das alles irgendwann brauchen werden und dass das Einzige, was uns vor dem Hungertod schützen kann, die Fettpolster sind, welche wir den Quality-Street-Bonbons zu verdanken haben, die wir mit sieben von unserer Großmutter bekamen. Das ist natürlich idiotisch: Schließlich gibt es heutzutage Kühlschränke. Es ist nicht mehr nötig, den menschlichen Hintern als Versorgungslager zu verwenden. Oder Harrys Taille. Aber der Körper weiß nichts von moderner Technik. Stattdessen sieht man eines Tages in den Spiegel und stellt fest, dass die Körperzellen jegliche Disziplin aufgegeben haben und die Oberschenkel aussehen wie Fotos einer Mondlandschaft von oben. Oder der eigene Hund wie ein Babywalfisch.

Früher war man mit vierzig tot. Dank moderner Medizin, Diätlimos und Nasensprays muss man heutzutage stattdessen noch viele weitere Jahre leben und ständig in den Spiegel gucken (man könnte glatt auf die Idee kommen, früher wäre alles besser gewesen). Es gibt dabei einiges, was man tun kann, um den Körper noch jahrelang jugendlich straff aussehen zu lassen. Jedenfalls, sofern man willens ist, sich einem strengen Regime zu unterwerfen: regelmäßig Sport treibt, zum Arzt geht, auf Koffein und Alkohol verzichtet und auch sonst auf alles, was nach irgendetwas schmeckt. Stattdessen darf man Wasser, Algensalat, gedünstetes Huhn (ohne Salz) und fettfreie Karottenschnipsel konsumieren.

Was in etwa der Speiseplan ist, den ich für Harry vorgesehen habe, und wofür er mich hasst. Er ist ein fabelhaftes Beispiel dafür, dass männliche Wesen mit Hunger tickende Zeitbomben sind. Harry ist entsetzlich gelaunt, schiebt den gesamten Tag seinen Futternapf durch die Wohnung und starrt die anderen Hunde an – ich bin nicht sicher, ob aus Eifersucht oder weil er kannibalistische Neigungen entwickelt hat. Beim Spaziergang rennt er von Papierkorb zu Papierkorb, auf der Suche nach Essbarem. Hätte er das Konzept der Pfandflaschen verstanden, würde er sie umgehend gegen Frikadellenbrötchen eintauschen. Sogar seine Ängstlichkeit gegenüber fremden Leuten hat sich gelegt: Gestern trafen wir eine Frau, die im Park ein Croissant verspeiste. Ich konnte Harry nur knapp daran hindern, ihr seine Adoptionspapiere unterzujubeln.

Ich fürchte, er wird mir meine Fürsorge nicht einmal danken: Hunden ist es nämlich egal, wie sie aussehen. Ich rechne jeden Moment mit einer Anzeige bei PETA. Wenn sie anonym ist, weiß ich: Dahinter steckt ein graues Seehundbaby.

Das Fest des Friedens und der Besinnung

Zu keiner Zeit im Jahr besinnen wir uns deutlicher auf Traditionen, Bräuche und Werte als zu Weihnachten. Es riecht nach Orange, Zimt und Sternanis, man gönnt sich kleine Auszeiten mit Keksen und Punsch, Kinder besingen mehr oder weniger schief, aber leidenschaftlich die Erhabenheit dieser Zeit, die zur Besinnung einlädt und den Alltag vergessen lässt, weil man noch so unglaublich viel erledigen muss.

Am Morgen des 26. ist man dann aber auch ziemlich erledigt von dem ganzen Geweihnachte. Es ist auch nicht leicht, die festliche Stimmung zu bewahren, wenn man praktisch den gesamten Heiligabend und den halben 25. mit einem Schraubenzieher in der Hand versucht, ein Super-Hightech-Lego-Spielzeug für den sechsjährigen Neffen zusammenzubauen. Eigentlich brauchte man dafür ein abgeschlossenes Ingenieursstudium, denn das Spielzeug bestand aus mehr Einzelteilen als ein durchschnittliches NASA-Raumschiff, und die Bauanleitung war ganz sicher von Technikern einer fremden Galaxie geschrieben worden. Als ich fast fertig war, fehlte das Teil Nr. 3047d, weshalb das ganze Spielzeug nicht funktionieren konnte. Die Stimmung ging schnurstracks in den Keller; schließlich wurde der allerkleinste anwesende Hund beschuldigt, das Teil geschluckt zu haben, nachdem er auch schon nachweislich die Zehen der Japan-Barbie der fünfjährigen Nichte angenagt hatte. Die Japan-Barbie ist die heißeste Barbie der Saison, das Musthave für jedes kleine Mädchen der westlichen Hemisphäre. Die Firma Mattel, die offensichtlich von bösartigen kleinen Trollen geleitet wird, hat besagte Barbie aber nur als limitierte Auflage herausgebracht, weshalb man Beziehungen beim Vatikan UND bei der amerikanischen Regierung haben muss, um die rotgewandete Geisha käuflich erwerben zu können. Und die Zehen dieses Heiligtums fielen dem kleinsten aller Hunde zum Opfer, einem Bonsai-Hund, der eigentlich besonders gut zur Japan-Barbie passte. Nicht so schlimm, sollte man meinen, weil verkümmerte Füße bei einer Geisha eigentlich besonders authentisch sind, aber die Stimmung des fünfjährigen Kindes hellte dies irgendwie nicht auf. Auch meine wiederholten Versuche, daran zu erinnern, dass es an Weihnachten nicht um materielle Dinge gehe, sondern um das familiäre Zusammensein, fruchteten nicht. »Ich hasse Hunde!«, heulte meine Nichte, und als ich mich hilfesuchend nach moralischer Unterstützung umsah, senkten alle anderen ihre Nasen nur noch tiefer in ihre Bücher oder was sie sonst so bekommen hatten. Meine Hunde haben sich in den vergangenen dreißig Jahren an Weihnachten jeweils wenig beliebt gemacht. Letztes Jahr fraß Fritz am Morgen des 24. ein halbes Roastbeef, das meine Mutter zum Auskühlen vor das niedrige Speisekammerfenster gestellt hatte – irgendjemand hatte die Tür offen gelassen, und Fritz, entzückt über die festliche Aufmerksamkeit, ließ sich nicht lange bitten. In einem der Jahre davor schaffte es die schwarze Luise, ein Kilo Weihnachtskekse zu fressen, während die Familie beim Weihnachtsessen war. Meine Mutter – der wirklich das Mutter-Hundeverdienstkreuz zusteht – tobte, während ich im Nachthemd die Nacht mit Luise im Garten verbrachte, die starkes Bauchgrimmen verspürte. Das war allerdings noch nichts gegen meinen Hund aus Teenagerzeiten, der erst das gesamte Fonduefleisch fraß, und danach, während meine Mutter verzweifelt versuchte, irgendwie ein Alternativ-Weihnachtsessen für die Familie auf die Beine zu stellen, zum Nachtisch auch noch die Weihnachtskekse verspeiste.

Insofern wäre es mehr als merkwürdig, wenn einer meiner Hunde diesen alten Brauch ignorieren würde.

Warum Hunde besser sind als Katzen

Katharina liegt mit Grippe im Bett und kann nicht schreiben, deshalb mache ich das heute. Mein Name ist Harry, ich bin ein Italienisches Windspiel - ein sehr kleiner Windhund also, und das ist gut so: Es gibt keine besseren Wärmflaschen als unsereins. Wir haben konstant 38,5 Grad Körpertemperatur und kühlen nie aus. Sehr gemütlich. Hunde schwitzen ja auch nicht, also alles immer schön trocken. Was man von einem Menschen mit Fieber nicht gerade behaupten kann. Ich bleibe trotzdem immer schön direkt drangekuschelt, damit es keinen Temperaturverlust gibt. Ich bin überhaupt sehr nützlich im Falle von Bettlägerigkeit: Ab und zu ringele ich meine Zunge in Ohren, Augen oder Nasenlöcher, um zu sehen, ob mein Frauchen noch lebt, oder, falls Katharina sich sehr lange nicht bewegt hat, springe ich ganz plötzlich und überraschend auf sie drauf. Meistens stellt sich dann heraus, dass sie nur tief geschlafen hat, aber woher soll ich das wissen.

Selbst wenn sie mich wegschiebt, rücke ich sofort wieder nach. Wir Hunde sind eben treu. Im Gegensatz zu Katzen. Bei uns lebt ja auch so ein Tier, Kater, dunkelbraun, steinalt. Bildet sich sonst was ein, weil er schon sechzehn Jahre alt ist. Der kommt nicht mal ins Schlafzimmer, wenn jemand krank ist! Mögen Katzen nicht, Krankheit, Tränen, usw. Da halten sie sich schön fern. Tolle Freunde.

Hunde sind eben besser als Katzen. Ganz bestimmt. Hunde sind treue Begleiter, egal, wo ihr Mensch hin will. Katzen sind treue Begleiter, solange ihr Mensch schön zu Hause auf dem Sofa bleibt. Hunde kommen, wenn sie ihren Namen hören (na ja, meistens jedenfalls). Katzen kommen, wenn sie ihren Namen hören, nur dann, wenn das Begleitgeräusch der Dosenöffner ist. Hunde schlafen im Bett ihres Menschen, was nachweislich sehr gemütlich ist – Katzen schlafen auf der Zeitung, während ihr Mensch sie lesen will, was für die Katze wahrscheinlich auch gemütlich ist. Ein Hund spielt mit seinem Menschen und legt ihm seinen Ball zu Füßen. Eine Katze kotzt ihm vor die Füße. Hunde halten den Küchenboden absolut krümelfrei, während Katzen einem die Schillerlocken vom Teller stehlen. Katzen lassen halbaufgegessene Mäuse und Vögel herumliegen. Hunde würden nie irgendetwas Halbaufgegessenes herumliegen lassen. Hunde retten Menschenleben. Katzen dagegen hoffen einfach, dass ihr nächster Besitzer zu Hause vor dem Fernseher bleibt.

Hunde lösen Alpträume bei Einbrechern und ungebetenen Gästen aus. Die Einzigen, die wegen Katzen Alpträume haben, sind die Hersteller von Weihnachtsbaumschmuck. Haben Sie das mal erlebt – eine Katze im Weihnachtsbaum? Der braune Kater, der bei uns lebt, macht so was nicht mehr: zu alt. Der kommt ja kaum noch aufs Sofa ohne Hilfe. Hält sich aber für weiß Gott wen. Aber bei Freunden haben wir das letztes Jahr erleben dürfen: Sie hatten eine winzig kleine Babykatze geschenkt bekommen, die bei unserem Anblick ruck, zuck den geschmückten Tannenbaum hinaufkletterte. Die Weihnachtskugeln flogen nur so nach allen Seiten! Und fragen Sie nicht, wie lange es dauerte, das Vieh wieder herunterzulocken. Der ganze Nachmittag war dahin. Mein Freund Fritz hob in einem unbewachten Moment das Bein an den Baum. Ich fand das völlig in Ordnung: Es musste einfach mal gesagt werden.

Zugegeben: Hunde trinken gerne aus dem Klo. Ich kann Ihnen das auch nicht erklären, es ist einfach so. Ist wahrscheinlich genetisch. Katzen tun das nicht. Aber dafür trinken Katzen aus Ihrem Aquarium – und zwar gleich, nachdem sie Ihren Fünfhundert-Euro-Prachtgrundkärpfling gefressen haben.

Die Sechs-Wochen-Mutti

Ich bewundere Hunde immer wieder für ihr fabelhaftes Familienleben: Es gibt einfach keine Beschwerden. Sie machen niemanden für eine ruinierte Jugend verantwortlich. Junge Hunde rollen nicht grundsätzlich mit den Augen, wenn ihre Mutter ihnen irgendetwas mitzuteilen versucht, und sei es, dass es regnet. Sie werfen ihren Eltern nicht vor, dass ihr Familienleben nicht so war, wie in dem Film *Ein Hund namens Beethoven* (so was wie die *Waltons* für Menschen): Hunde entwickeln keine fixe Idee von einem perfekten Familienleben und sind nicht bis ans Ende ihres Lebens auf ihre Eltern sauer und brauchen keine jahrelangen Therapien, wenn sich ihre Vorabendserienvorstellung eines Familienlebens nicht erfüllt. Hundemütter befürchten nie, dass ihre Sprösslinge vielleicht keine Genies sein könnten, sie wälzen sich nicht nächtelang herum, ob das Kleine je glücklich werden wird, ob es nicht Klavierspielen lernen sollte oder sich vielleicht mit den falschen Leuten einlässt. Ohne Sentimentalitäten keine Sorgen.

Ich habe das Familienleben von Hunden jahrelang studiert und bin überzeugt, dass Hunde besser dran sind.

Zuerst einmal sind die meisten Hundemütter alleinerziehend, weil der DNA-Spender gewöhnlich auf irgendeine Expedition geht, sobald er kann, und das ist sehr bald. Er schreibt nie und kommt auch nie zu Besuch, und die Mutter seiner Kinder macht sich auch keinerlei Gedanken, ob er manchmal an sie denkt. Den gleichen Mangel an Sentimentalität demonstriert die Mutterhündin auch im Umgang mit ihrem Nachwuchs. Sechs Wochen lang – aber wirklich nicht länger – kümmert sie sich aufopferungsvoll um die Kleinen, füttert sie, wäscht ihre Ohren (für angemessene Bekleidung ist bereits gesorgt), beschützt sie vor aufdringlichen Katzen, alten Damen und Wespen, macht sauber und rettet die Welpen, wenn sie unter Möbelstücken festklemmen. Und das alles ohne laute, demonstrative Besorgnis und Alarm oder übertriebene Dienstleistungshaltung gegenüber dem Kind, die man manchmal bei uns Menschen beobachten kann.

Eines Morgens nach dem Frühstück, es sind etwa sechs Wochen vergangen, schnappt sie nach ihren Sprösslingen und bedeutet ihnen zu verduften. »Das war's, für immer«, informiert sie ihre Welpen knapp. »Ich muss mein eigenes Leben leben, Autos jagen, nach Joggern schnappen, Kaninchen verfolgen. Ich kann nicht bis ans Ende meiner Tage dicke, sechs Wochen alte Hunde füttern und sauber halten. Diese Phase meines Lebens ist vorbei.« Hiermit endet das kanide Familienleben, und die Mutterhündin entledigt sich der Gedanken über ihre Welpen so leicht, wie sie das schon bei deren Vater gemacht hat. Damit ist sie frei, kann sich ihrer Karriere widmen und lauter ganz neuen, erstaunlichen Dingen des Lebens.

Die Welpen ihrerseits versuchen nur wenige Wochen lang, ihre Mutter zu einer Wiederherstellung des vormaligen gemütlichen Kinderstubenlebens zu überreden. Aber eines Tages, aufgrund irgendeines natürlichen Wunders, das ich nicht verstehe, erkennen die Welpen ihre Mutter plötzlich nicht mehr, und sie erkennt die Welpen nicht mehr als ihre eigenen. Es ist, als wären sie sich nie begegnet, und das scheint eine wunderbare Idee zu sein: Auf diese Weise bekommen beide Parteien die Gelegenheit für einen neuen Anfang.

Meine schwarze Pudelhündin Luise, die ein außergewöhnlicher, besonders schlauer Hund ist, begegnete eines Tages ihrer Mutter. Und schien sie, welch Laune der Natur, nach all den Jahren glückseliger Unwissenheit auch wiederzuerkennen. Gemeinsam jagten sie eine Runde Kaninchen, und Luise verletzte sich irgendwie an ihrem langen, lockigen Ohr. »Mutter«, sagte sie, »sieh dir doch bitte mal mein Ohr an.« Die andere Pudelhündin grummelte und trat beiseite. »Ich bin nicht deine Mutter«, knurrte sie. »Ich bin die Königin der Kaninchenjäger.«

Luise grinste. »Ach so«, sagte sie, nur um zu zeigen, dass sie nichts übelnahm. »Das ist auch nicht mein Ohr. Das ist ein Topflappen.«

Warm ums Herz und um den Bauch

Winter schön und gut, aber minus vierzehn Grad sind einfach unmenschlich. Heute Morgen hatte ich eine zweieinhalb Zentimeter dicke Eisschicht auf meinem Auto, die sich nur mit warmem Wasser entfernen ließ, und die Elektronik benimmt sich auch nicht so, wie ich das gewöhnt bin – wahrscheinlich, weil mein Auto von Kalifornien träumt. Diesen Traum teile ich. Ich finde Schnee ungefähr drei Tage lang gut, danach wünsche ich mir

Temperaturen, die deutlich über neun Grad plus liegen. Ich finde auch grundsätzlich, dass der Frühling von der Natur völlig unterbewertet wird: Ist Ihnen mal aufgefallen, wie kurz diese Jahreszeit immer dauert, während der Winter jedes Mal endlos ist? – Allein, was man alles anziehen muss, um »mal kurz mit den Hunden« zu gehen: Strumpfhosen, dicke Socken, lange Unterhosen, lange Unterhemden, dicke Pullover, warme Hose, Schal, Anorak, Mütze, Handschuhe – das Anziehen dauert ungefähr so lange wie der eigentliche Spaziergang. Die Pudel haben das Problem nicht – denen lasse ich einfach das Fell etwas länger wachsen, und fertig ist der Schneeanzug! Die Windspiele dagegen sind ohne klimatechnisch fortschrittliche Anoraks aufgeschmissen. Missverstehen Sie mich nicht – das Ganze in Schwarz mit Rollkragen aus Fleece, damit der dünne Hals geschützt ist, und vernünftig gefüttert. Kein Rosa, kein Strass, kein Nerz, keine Fellboots (obwohl ich sicher bin, dass Harry nichts dagegen hätte – Sie sollten mal sehen, wie der mit seinen dünnen Beinen bei minus vierzehn Grad durch Schnee und Eis tänzelt). Meine Hunde sehen weder aus wie verhinderte Discoqueens noch wie Batman auf Skiern – und trotzdem werde ich auf Schritt und Tritt darauf angesprochen. »Mei, die Armen – was frier'n die denn so?« – und das von Damen, die sich schon bei deutlich höheren Temperaturen von Kopf bis Fuß in tote Tiere wickeln und wahrscheinlich auch noch Haare auf den Zähnen haben. Ich befinde mich am Tegernsee. »Na, also, die san aber fesch! Müss'n die wirklich an Mantel trag'n? Is' des normal?« – Ich finde es durchaus normal, wenn man bei Eis und Schnee friert. Nicht normal finde ich es dagegen, wenn man fremde Leute mit besserwisserischen Kommentaren überzieht. Vorhin baute sich ein Mann in Daunensteppmantel vor mir auf, der einen zottigen Neufundländer an der Leine hatte, so groß wie ein Klavier. »Wenn die sich anständig bewegen würden, bräuchten die auch keine Mäntelchen«, verkündete er. »In der Natur würden die ja nicht überleben.« - Kommt darauf an, in welcher Natur, würde ich mal sagen: Meine Hunde würden jedenfalls in der ägyptischen Wüste besser überleben als sein Neufundländer. Ich weiß sowieso nicht, was dieser Satz heißen soll: Sind meine Hunde weniger natürlich als seiner? Sind Foxterrier natürlicher als Boxer? Sind Lhasa Apsos weniger natürlich als Border Collies? ALLE Hunderassen sind zu einem bestimmten Zweck vom Menschen gezüchtet worden. Neufundländer sollten im eisigen Wasser von Newfoundland den Fischern die Netze zurück zum Boot bringen und nebenbei Ertrinkende retten, falls ihnen zufällig welche begegneten. Italienische Windspiele wurden dafür gezüchtet, den adeligen Damen in den Schlössern die Betten zu wärmen, und das war kein leichter Job in diesen ungeheizten Kästen, glauben Sie mir. Ein Neufundländer mit seinen Tonnen von Haaren wäre für diese Aufgabe denkbar ungeeignet, außerdem hätte man neben ihm gar keinen Platz mehr zum Schlafen. Wissen Sie was? Windspiele haben eine einzige Lage dünnes, kurzes Fell, ähnlich männlichem Brusthaar, nur nicht so wollig. Und Sie rennen im Winter ja auch nicht oben ohne herum - es sei denn, Sie sind Schwede.

Wintersport

Für viele mag Skifahren ein spannender Wintersport sein, nur nicht für Leute, die noch ganz bei Trost sind: Die überlegen sich bei Anblick von Skiern nämlich ganz genau, ob es wirklich eine gute Idee ist, sich zwei schmale, rutschige Bretter an die Füße zu schnallen, sich dann auf einen gefrorenen Drahtstuhl zu setzen, um an einem gefährlich aussehenden Draht entlang in schwindelnde Höhen transportiert und dort am Rande eines Abhangs abgesetzt zu werden, der so steil ist, dass selbst Gemsen Sicherheitsseile benutzen. Und dann, wenn man es auf wundersame Weise irgendwie den Berg heruntergeschafft hat, ohne sich dabei umzubringen, soll man es NOCH MAL machen?

Sie merken schon: Für mich ist Skifahren eher nichts. Ich habe mich stattdessen nach einer alternativen Wintersportart umgesehen, die mich nicht zwingt, mich allzu sehr mit der Erdanziehung auseinanderzusetzen – eine Wintersportart, die sich meinem Alter angemessen im Sitzen ausüben lässt: Und so kam ich aufs Hundeschlittenfahren.

Dass Hunde durchaus in der Lage sind, einen schwerbeladenen Schlitten zu ziehen, weiß jeder, der je zwei oder vier Hunde an der Leine hatte, während ein Eichhörnchen den Weg kreuzte. Selbst ein Fünf-Kilo-Windspiel kann in solchen Augenblicken eine Kraft ungeahnten Ausmaßes entwickeln, die sich wissenschaftlich kaum erklären lässt.

In diesem Fall handelte es sich um das Schlittenhundeteam einer Bekannten, das normalerweise Rennen in Schweden oder Kanada fährt, mir aber einen kleinen Einführungskurs gab. Achtzehn Hunde wurden vor zwei Schlitten gespannt, und sobald den Hunden dämmerte, dass sie gleich losrennen durften, fingen sie alle gleichzeitig an zu bellen, mit einer Frequenz von ungefähr zweihundertsiebzig Bellern pro Minute pro Hund. Ich würde sagen, dass unsere kleine Gruppe in diesem Moment für fünfundachtzig Prozent der gesamten Geräuschkulisse und fünfundneunzig Prozent der Urinproduktion in ganz Süddeutschland verantwortlich war. Die Hunde waren kaum noch zu halten – die Schlitten waren zwar fest an die Stoßstangen der Transportlaster gebunden, aber ich hätte schwören können, dass die Transporter sich bewegten. Ich stellte mir vor, wie wir gleich hinter den Bergen am Horizont verschwinden würden – Hunde, gefolgt von Schlitten, gefolgt von Transportern, auf dem Weg in den Polarkreis, und niemand würde je wieder von uns hören.

Die Schlitten wurden losgebunden, und *Woooooa* schossen wir los, die Hunde selig vor Tempo und Adrenalin. Die Hundeführer riefen einzelnen Tieren Kommandos zu – jeder Hund läuft entsprechend seiner Persönlichkeit ein bisschen anders als die anderen. Ivan z. B. war ein hervorragender Arbeiter, der stark und gleichmäßig zog, während eine Hündin namens Laika eindeutig faul war: Sie schleppte sich eher dahin, als dass sie zog. Wenn der Hundeführer »LAIKA!« brüllte, trabte sie für eine Weile, aber sobald sie das Gefühl hatte, er achte nicht mehr auf sie, zuckelte sie wieder vor sich hin. Würde Laika in einer größeren Firma arbeiten, würde sie einen Großteil ihrer Arbeitszeit mit privaten Telefongesprächen verbringen, das war eindeutig.

Aber die meisten Hunde liebten das Rennen. Tatsächlich ist es ziemlich schwierig, sie zum Anhalten zu bringen. Eine der wichtigsten Regeln bei Hunderennen, habe ich gelernt, ist es, NIEMALS vom Schlitten abzusteigen: Die Hunde lassen einen einfach allein in Eis und Schnee zurück.

Wir rasten über die Hügel, selbst Laika hatte die richtige Gangart gefunden. Die Sonne schien, vor uns lag glitzernd das verschneite Tal, der Wind blies uns um die Ohren, es war ein wundervoller Moment, und ich wollte nie wieder vom Schlitten absteigen, selbst wenn ich das Ding irgendwie hätte anhalten können.

Ich melde mich wieder, wenn wir am Südpol angekommen sind.

Des Pudels Kern

Als Hundebesitzer muss man sich immer wieder ungefragt die erstaunlichsten Bemerkungen von wildfremden Menschen anhören. Als ich noch Möpse hatte, blieben manchmal unvermittelt Leute auf der Straße stehen und erklärten mir ohne Scheu: »Meine Güte, sind die hässlich! Die sind so scheußlich, dass sie schon fast wieder schön sind!« – Ich möchte mal wissen, wie diese Menschen reagieren würden, wenn ich derlei ungebeten über ihre Brille oder den Umfang ihrer Oberschenkel sagen würde. Seit ich Pudel habe, sind es Vorurteile anderer Art, die mir begegnen. »Pudel?«, tönt es ungläubig. »Sind die nicht total dusselig?« Tatsächlich sollte man Pudel wie Menschen nicht mit ihrer Frisur verwechseln. Der Pudel gilt nämlich neben dem Border Collie als intelligentester aller Hunde. Er kann nichts dafür, dass ihn manche Halter zum Idioten frisieren und mit ihrer Liebe erdrücken. Vor langer Zeit, als die Menschen noch keine Schermaschinen erfunden hatten, war der Pudel ein Jagdhund für die Wasserarbeit: Das Wort »Pudel« stammt von »Pfudel«, altdeutsch für Pfütze. Geschoren wurde er nur ein bisschen, um ihm die Wasserarbeit zu erleichtern: Aus kurzen Locken läuft das Wasser sofort ab, und der Hund ist in null Komma nix wieder trocken. Man ließ die Haare an der Brust länger, um die Lunge zu schützen, schor Beine und Hinterteil, damit der Hund besser schwimmen konnte, und ließ in Höhe der Nieren etwas Haar stehen, damit diese schnell wieder warm würden. Die Franzosen mit ihrem Hang zu grandiosen Übertreibungen machten daraus den *Continental Clip*, eine Frisur, mit der das arme Tier aussieht wie eine Mischung aus Plüschtier und Dolly Parton und zum Ziel unendlicher Witze und Vorurteile wird – vom »Oma«- über den »Zirkushund« bis zur Behauptung, der Pudel sei »kein richtiger Hund«, bleibt ihm nur wenig erspart. Goethe wollte in »des Pudels Kern« gar den Teufel erkannt haben – besonders nah kann er ihm nicht gekommen sein, sonst hätte er statt des Pudels einen der vielen Terrier gewählt.

Die Wahrheit über den Pudel kennen nur die, die ihm einmal ins kluge Mandelauge geblickt haben. Ich habe bekanntlich zwei Pudel, die einander charakterlich überhaupt nicht ähneln und äußerlich nur darin, dass sie beide einen sportlichen Kurzhaarschnitt tragen. Der atavistische Jagdtrieb muss vor Generationen aus Idas Blutlinien verlorengegangen sein: sie kann ein Reh nicht von einer Ziege unterscheiden; Kaninchen findet sie reizend; Schüsse und Totschlag erschüttern sie. Einmal verfolgte sie zwei Stunden lang eine Kröte mit einem Gesichtsausdruck, als traue sie ihrer eigenen Nase nicht: Ida ist keine Jägerin, sondern erforscht interessiert das Leben niederer Kreaturen. Sie ist eine begeisterte Schwimmerin. Luise dagegen, die gegen Jagd ganz und gar nichts einzuwenden hat, kneippt lieber als zu schwimmen. Keine von beiden hat je an der Tür meinen Gästen Handschuhe und Hut abgenommen oder für sie Klavier gespielt, auf dem Seil getanzt und gesungen – sie haben allerdings gelernt, eine Rezeptionsklingel zu bedienen, wenn sie einen Keks haben möchten. Das energische »Ping!« ist unter keinen Umständen zu überhören.

Pudel sind Philanthropen. Nicht dass sie uns Menschen ändern wollten: sie wollen vollenden. Pudel sind Utopisten. Sie glauben nicht nur an uns, sie hoffen auch, uns Menschen in puncto Milde, Humor und Toleranz ein gutes Beispiel geben zu können. Und wirklich sind hier schon die denkwürdigsten Erfolge zu verzeichnen gewesen: Ich beobachte das an mir selbst. – Sie hätten mich mal früher erleben sollen.

Theologie oder: Ein Hund fürs Leben

Ich hatte mein Leben lang Hunde um mich herum und habe früh gelernt, dass sie so unterschiedlich sind wie die Menschen auch: Jeder hat eine ganz eigene Persönlichkeit, jeder ist auf irgendeine Weise unvergesslich. Manche sind natürlich unvergesslicher als andere: Ab und zu hat man das große Glück, in genau dem richtigen Moment genau den Hund zu treffen, mit dem man eine tiefe Verbindung eingehen kann, weil man sich zufällig an einem bestimmten Punkt im Leben befindet, der genau zu der Persönlichkeit eines bestimmten Hundes passt.

Als ich klein war, hatten meine Großeltern verschiedene Hunde, große und kleine, Jagdhunde und solche, deren einzige Aufgabe darin bestand, geliebt zu werden. Der Erstaunlichste von ihnen war Solo, ein alter Deutsch-Drahthaar und der einzige Hund, den ich je getroffen habe, der vorsätzlich rülpsen konnte. Es entsprach seiner Vorstellung von einem richtig gut gelungenen Witz. Wenn meine Großmutter ein paar Freundinnen zum Bridge zu Besuch hatte, schlich Solo sich ins Haus und gesellte sich zu den Damen, setzte sich freundlich schauend neben sie und ließ einen gewaltigen Rülpser ertönen. Offensichtlich missverstand er die Schauer des Entsetzens als eine Art Applaus, denn er saß mit selbstzufriedenem Gesichtsausdruck da, grinste die Damengruppe an und bereitete sich auf eine Zugabe vor. »Halt, halt!«, fauchte er empört, wenn ich ihn aus dem Zimmer zerrte. »Sie lieben mich!

Sie werden sich über meinen anderen Trick totlachen! Sie werden sich auf dem Boden rollen vor Lachen!« Ich muss wohl nicht erwähnen, dass meine Großmutter und ihre Freundinnen sich überhaupt niemals auf dem Boden wälzten. Von weitem sah Solo aus wie ein ganz normaler, schlappohriger Jagdhund - außer, dass er irgendwie verderbt aussah. Wirklich: Er sah aus wie jemand, der pornographische Bildchen verkauft, um ein kleines Suchtproblem zu finanzieren.

Bis vor einem Jahr teilte ich vierzehn Jahre lang mein Leben mit einem Mops, Theo - kein normaler Hund, das sah man auf den ersten Blick: Er war ein Wunder der Natur, eine alte Seele mit übersinnlicher Wahrnehmung, der sein Leben lang an der Grenze zwischen Hundsein und Menschwerdung balancierte. Um meine Laune herauszufinden, setzte er sich auf meinen Fuß. Wenn ich gutgelaunt war, spielte er den Clown, holte seine Spielente hervor und feuerte sie durch die Wohnung - wenn ich unglücklich war, legte er den Kopf auf meinen Schuh oder meinen Arm und seufzte laut. Wie die meisten Möpse hielt er sich für einen Menschen und ging selbstredend davon aus, dass alle anderen das auch so sahen. Bei einem Fototermin für Jan Josef Liefers und Andrea Sawatzki setzte er sich völlig selbstverständlich mit ins Bild (siehe Kapitel »Ein Leben im Rampenlicht«) - und zwar mitten hinein, nicht etwa irgendwo an den Rand. Ich weiß nicht, ob er ahnte, dass es ein Titelbild für *Vanity Fair* werden sollte, fürchte aber: Darunter hätte er's auch nicht gemacht. Seine Einstellung gegenüber anderen Hunden war eine Mischung aus Arroganz und Abscheu. Meistens wollte er mit ihnen nichts zu tun haben: Im Grunde verachtete er die ganze Gattung Hund. Er war schamlos in seiner Gier, verfolgte mich endlos mit einem unglaublichen Repertoire an unterschiedlichen

Geräuschen, beherrschte andere Menschen mit einem einzigen Blick, war todesmutig und verlor niemals die Contenance.

Hätte ich doch rechtzeitig von ihm gelernt: Mit diesen Fähigkeiten hätte ich die ganze Welt erobern können.

Lob des Hundehalters

Komisch eigentlich, dass man als Hundehalter von Nicht-Hundehaltern so häufig mit Argwohn betrachtet oder gar belächelt wird. Es werden einem schnell mal emotionale Blockaden unterstellt, als würde man lieber mit dem Vieh, den Vögeln und den Fischen reden als mit den Menschen, und in meinem Fall, die ich unverheiratet und kinderlos mit vier Hunden zusammenlebe, wird gerne überlegt, ob ich damit zu den »späten Mädchen« gehöre und meine Hunde eine Art Burggrabenersatz darstellen, den es zu überwinden gilt, um den Weg in mein - ohne Zweifel einsames - Herz zu finden.

Der Witz ist: Ich gehöre mitnichten zu einer komischen kleinen Randgruppe. In 13,4% der hiesigen Haushalte leben Hunde; schlafen auf Sofas, werfen Mülleimer um, hinterlassen matschige Pfotenabdrücke auf Fußböden und machen unser Leben etwas vergnügter, sicherer, strukturierter und einfach schöner. Es gibt 5,9 Millionen Hunde in Deutschland - im Vergleich dazu leben hier rund zwölf Millionen Kinder, also gerade mal doppelt so viel. Man kann diese Tatsache gut finden oder schlecht: Es bleibt eine Tatsache. Es heißt vor allem, dass unsere Hunde wichtig sind. Wie absurd, davon auszugehen, dass die Tierliebe eines Menschen auf ein emotionales Defizit hinweist oder darauf, dass Hundeliebhaber ein

»Problem« hätten. Angesichts so vieler Millionen sollte man die Hundeliebhaber doch einfach als das sehen, was sie sind: Eine Menge einmaliger, vielfältiger, normaler Menschen.

Wenn so viele Menschen ein Interesse teilen, müssen sie daraus echten Nutzen und persönliche Vorteile ziehen können. Keiner würde je den Vorteil und die Bedeutung menschlicher Freundschaften in Frage stellen – oder wenn man sich anschaut, wie viele Millionen Menschen sich für Sport interessieren: da könnte man ja auch fragen, ob das etwas mit Kompensation zu tun hat. Keine Ahnung, wieso gerade die Liebe zum Tier in vielen Kreisen so abschätzig bewertet wird.

In Deutschland spielen ungefähr 500 000 Leute Golf. Niemand käme auf die Idee, dem erfolgreichen Golfprofi Bernhard Langer zu unterstellen, seiner Fokussierung auf einen kleinen weißen Ball läge ein emotionales Problem zugrunde.

Und wir Hundefreunde sind Golfern zahlenmäßig millionenfach überlegen! Hunde steigern das Bruttosozialprodukt: Das Haustiergeschäft ist so ziemlich der einzige Wirtschaftszweig, der im vergangenen Jahr NICHT um 2 % gefallen ist, sondern sogar Umsatzzuwächse von 2,7 % verzeichnen konnte. 243 Millionen Euro Hundesteuer nahm der Staat ein (davon lässt sich doch das ein oder andere Haushaltsloch stopfen!), es wurden 1,03 Milliarden Euro für Hundefutter ausgegeben sowie 55 Millionen Euro Umsatz mit Hundebüchern und 310 Millionen Euro Umsatz mit Haustierarzneimitteln gemacht.

Seien wir doch ehrlich: In der modernen Welt des Retuschierens, Fettabsaugens und Bodytonings, der Society-Magazine mit pseudobedeutenden Leuten, die uns ein pseudoglückliches Leben vorgaukeln, fühlt sich doch kaum jemand wirklich wohl mit sich selbst: zu dick, zu klein, nicht gut genug, nicht reich genug, nicht schlau genug – nur für unsere Hunde sind wir einfach super, genau so, wie wir sind. Das ist unglaublich tröstlich und entspannend. Wenn also mentale Gesundheit nur einen Ballwurf entfernt ist, ist das ein Grund zum Feiern. Wenn jemand sie blöd anredet, weil Sie einen Hund haben: Stehen Sie aufrecht, seien Sie stolz. Wedeln Sie freundlich. Hundefreunde haben etwas, was andere nicht haben: Ein tief empfundenes Vergnügen an einer unglaublichen Spezies, die beinahe seit Anbeginn der Zeit an unserer Seite läuft und das bis ans Ende aller Zeiten weiter durchhalten wird. Hunde wollen es gar nicht anders. Und wir auch nicht.

Eine Frage der Gene

Ich bin völlig überzeugt davon, dass Hundeliebe erblich ist. Mein Hundetick ist ganz sicher genetisch. Meine Mutter behauptet, dass mein allererstes Wort »Hund« gewesen sei (während das erste Wort meines Bruders »Porsche« lautete) und ich, als sie mich mit fünf Jahren das erste Mal auf eine Hundeausstellung mitnahm, von zweihundertachtzig Rassen zweihundertdreiundsiebzig gekannt habe. Meine Großmutter war jedenfalls ähnlich veranlagt wie ich: Als mein Großvater um sie warb, fand sie ihn zwar ganz nett – ihr Herz allerdings eroberte er erst, als er ihr einen Dackelwelpen schenkte.

Dackel blieben die große Liebe ihres Lebens. Der einzige Hund, der mich je absichtlich gebissen hat, war ihr letzter Dackel, Bauzi. Dass Bauzi Kinder nicht leiden konnte, war bekannt und wurde auf irgendein frühkindliches Trauma zurückgeführt, und alle Kinder waren gehalten, sich von dem Dackel fernzuhalten. Wer es nicht tat, war schlicht selber schuld.

Meine Großmutter wurde von allen Hunden geliebt. Wildfremde Hunde begrüßten sie auf der Straße, als hätten sie einen lange verloren geglaubten Freund wiedergetroffen, die Besitzer waren irritiert oder gar beleidigt, und meine Großmutter versuchte immer, derlei ein bisschen herunterzuspielen: Ich weiß aber, dass sie mit Hunden in einer bestimmten Geheimsprache kommunizierte, die nur sie und die Hunde verstanden. Deshalb freuten sich diese fremden Hunde auch so: Weil sie endlich jemanden getroffen hatten, der sie wirklich verstand. Auch wenn meine Großmutter irgendwo eingeladen war, waren die Hunde der Gastgeber immer völlig hin und weg. Mein Großvater witzelte, dass seine Frau sich vorher die Beine mit frischem Fleisch abreibe, anders sei ihre unglaubliche Anziehungskraft auf Hunde nicht zu erklären. Meine Großmutter saß irgendwo auf einem Sessel vor dem Kamin und unterhielt sich mit einer Gruppe von Leuten, und plötzlich erschien der große Hund der Gastgeber. Ohne Vorwarnung warf er sich voller Begeisterung auf meine Großmutter, Martinis und Teetassen fielen um, die Seidenstrumpfhosen meiner Großmutter wurden zerrissen, bevor das entzückte Tier sich endlich friedlich auf ihrem Schoß zusammenrollte. Das schöne neue Kleid! Wenn sie hilfesuchend die Gastgeber ansah, hörte man die nur murmeln: »Ach, ist das nicht schön? Normalerweise ist Jackie immer so distanziert Fremden gegenüber.« Einmal erlebte ich bei einem eleganten Abendessen, wie meine Großmutter von dem großen, sehr haarigen Haushund praktisch durchgekaut wurde. Plötzlich sagte sie etwas unglücklich: »Ach, herrje, ich glaube, jetzt hat er einen meiner Ohrringe verschluckt.« Die Gastgeberin sah einen Moment lang wirklich erschrocken aus, während sie den zweiten, wirklich sehr hübschen

Perlenohrring mit Saphiren musterte. Dann sagte sie, sichtlich entspannter: »Ach, ich glaube, das ist nicht so schlimm. Er war ja recht klein und rund.«

Klopfgeräusche unter der Motorhaube

Na also: Jetzt ist die Gartensaison also doch noch angebrochen. Überall wird gegrillt, gepflanzt und gemäht, dass es eine echte Gartenfreude ist. Meine Hunde machen sich dabei ausgesprochen nützlich: Sie buddeln nach Wühlmäusen, greifen aktiv in die Pflanzplanung ein, indem sie alle Blumenzwiebeln wieder ausgraben, weil sie die Dahlien im Herbst doch lieber an anderer Stelle sehen möchten, und rasen begeistert hinter dem Rasenmäher her. Den ich betätige, weil es nämlich kein anderer macht. Im Garten meiner Nachbarn sehe ich auch immer nur die Frau des Hauses werkeln, den Mann dazu höchstens auf der Gartenliege die Zeitungen sortieren. Neulich bat ich meinen anderen Nachbarn um eine Bohrmaschine: Er lächelte bezaubernd, hatte aber keine. Männer sind auch nicht mehr das, was sie mal waren.

Früher wurden Männer unter freiem Himmel zu echten Kerlen, mähten im Handumdrehen mit der Sense eine Wildwiese, wählten zur Lieblingssportart Baumstammweitwurf oder grillten selbsterlegtes Fleisch überm offenen Feuer. Von so was bekommen Männer raue Hände. Raue Hände sind der Beweis, dass ein Kerl zuzupacken versteht und ihm frische Luft und ein bisschen Dreck nichts anhaben können. Die meisten Frauen, die ich kenne, finden das sexy.

Als vor Jahren Männer ihre feminine Seite entdeckten, wurde es in Baumärkten einsam und leer. Während Männer lernten, mit Selbstbräuner umzugehen, staubten Bohrmaschinen und Hammer in den Regalen ein. Das gute alte Werkzeug erlitt massive Absatzrückgänge. Anfangs blieben die Baumarktleiter noch entspannt, weil sie dachten, das Ganze sei eine normale zyklische Schwankung. Sie irrten: Während der moderne Mann zwar eine Orangenvinaigrette zaubern kann, ist er bei Klopfgeräuschen unter der Motorhaube aufgeschmissen. Das einzige Werkzeug, das er im Haus hat, ist eine Nagelschere. Wenn der Wasserhahn tropft, ruft er den Klempner. Wenn er einen Nagel in die Wand schlägt, besteht die Gefahr, dass er seinen Hemdzipfel mitverarbeitet.

Auch aus der letzten wahren Männerbastion ist heute eine einzige Enttäuschung geworden: Seit Nahrung nicht mehr gepflückt, sondern auch gejagt wird, zählt das Grillen zur männlichsten Art, Gäste zu bewirten. John Wayne grillte seinerzeit für die komplette Crew von *Der Marshall* dreißig Kilo Steaks, ohne auch nur eine Minute vom Grill zu weichen. Die Jungs von heute kaufen stattdessen möglichst einen Gasgrill, um nur einen Knopf drücken zu müssen, damit die Flamme angeht, und legen ein paar manikürte Würstchen darauf. Für echte Kerle ist das natürlich Mogelei. Man sollte eigentlich erwarten dürfen, dass Männer auch ohne Streichhölzer Feuer machen können, indem sie vielleicht mit einer Lupe Sonnenlicht bündeln oder mit einem Feuerstein Funken schlagen. Stattdessen werden die Kinder zur Tankstelle geschickt, um reichlich Brandbeschleuniger zu besorgen. Dieser wird dann so reichlich über die mager aufgeschüttete Holzkohle gegossen, dass jegliches Grillgut intensiv nach Spiritus schmeckt. Die Männer stehen steif und etwas verzweifelt neben dem Grill oder rennen dauernd herum und wundern sich dann, wenn das Fleisch sich in rasendem Tempo ebenfalls in etwas Holzkohleartiges verwandelt. Dabei ist schon die richtige Grillhaltung die halbe Miete: Beine leicht gespreizt, die Knie etwas eingeknickt, in der Linken ein Getränk, in der Rechten die gezückte Fleischzange. Und die wird erst wieder abgelegt, wenn das letzte Kotelett serviert ist und der Grillmeister den Hunden die Knochen vorgeworfen hat. Und kein trauriges Würstchen.

Nur ein bisschen angepisst

Menschen, die keine Hunde haben und sich auch nie einen wünschten, sind meist der Überzeugung, dass jemand, der mehr als zwei Hunde hat, völlig verslumt lebt und außerdem unglaubliche Beziehungsprobleme hat. »So findest du ja nie einen Mann/eine Frau«, bekommt man immer wieder zu hören. Ich sehe das völlig anders: Hundemenschen sind Beziehungsprofis. Mit Hunden lernt man, Kompromisse einzugehen und die eigenen Bedürfnisse ab und zu zurückzustellen. Wer einmal im Monat Fünfzehn-Kilo-Säcke mit Trockenfutter in den dritten Stock schleppt, der jongliert auch Bierkästen mit einem Lächeln auf den Lippen, und wer je versucht hat, jahrelang einem Hütehund gerecht zu werden, den erfüllt es mit tiefer Dankbarkeit, wenn der Mann samstagnachmittags nichts anderes will als Fußball gucken.

Die Art und Weise, wie unsereins mit Hunden umgeht, ist doch gerade ein Hinweis darauf, wie ungeheuer beziehungsfähig wir sind: Hundebesitzer wissen eine Menge darüber, warum sie machen, was sie tun, weil sie das alles aus Hundebüchern gelernt haben. Wir wissen alles über dominantes und unterwürfiges Verhalten, Gruppenpsychologie, Augenkontakt und Beschwichtigungsgesten, Territoriumsgehabe oder sexuelles Besitzverhalten. Überlegen Sie mal, wie viele Jahre Paartherapie Sie da sparen.

Das Zusammenleben mit Haustieren ist ein fabelhaftes Training für menschliche Beziehungen. Obwohl es natürlich Menschen gibt, die so erschöpft davon sind, sich seit Tausenden von Jahren zu fragen, was mit den Männern bzw. Frauen eigentlich los ist, dass sie Tisch und Bett lieber mit Haustieren teilen. Ich bin nicht sicher, dass das die richtige Lösung ist.

Und nichts ist leichter, als mit einem Hund an der Seite andere Menschen kennenzulernen. Hunde leisten permanent Kontaktarbeit (ob man will oder nicht). Tatsächlich habe ich im Nachtleben nie so viele ausgeschlafene Männer getroffen, wie wenn ich morgens sehr früh in Nachthemd, Anorak und Gummistiefeln mit einem jungen, aus sehr viel Flüssigkeit bestehenden Hund auf der Straße stand und ihm das Mantra »Los jetzt, pieseln!« vorbetete.

Einmal stand ich todmüde auf der Straße und sah aus wie ein ungemachtes Bett, nachdem ich zum achtundvierzigsten Mal innerhalb von fünf Stunden mit einem meiner Hunde rausgegangen war, der offenbar Magengrimmen verspürte. Ich hatte meinen sehr alten Mops Theo zur Begleitung mitgenommen in der Hoffnung, er würde sich ebenfalls entleeren, um anschließend für mich vielleicht doch noch ein paar Stunden Schlaf herauszuschinden. Theo, empört über die frühe Störung und wohl noch nicht ganz wach, hob unvermittelt sein Bein und achtete nicht darauf, wogegen: Es war ein Männerbein.

»O Gott, es tut mir so leid, bitte seien Sie nicht böse!«, schrie ich entsetzt. Der Mann lachte. »Ich bin nicht böse«, sagte er. »Nur ein bisschen angepisst.«

Kann man sich etwas Romantischeres vorstellen?

Rat mal, wer zum Essen kommt

Ich gebe es ungern zu, aber es muss einmal gesagt werden: Hunde sind lausige Gäste.

Das liegt daran, dass gut sozialisierte Hunde dazu neigen, sich nach Art eines Hundes von Welt überall gleich wie zu Hause zu fühlen. Und das ist, wie bei allen Gästen, eine gefährliche Sache: Wenn sie sich zu sehr »wie zu Hause« fühlen, wird es meist problematisch.

Hunde lieben Gesellschaft: Sie steht ganz oben auf der Liste ihrer Bedürfnisse. Nehmen wir Bauzi, den Dackel meiner Großmutter. Bauzi liebte Partys, sie rannte zwischen den Gästen herum, begrüßte alle mit großer Wärme, setzte sich dazu, wenn sich kleine Gruppen bildeten, und bediente sich mit völliger Selbstverständlichkeit bei den kleinen Kanapees, die auf viel zu niedrigen Tischen angerichtet waren. Sie zog unglaublich viel Aufmerksamkeit auf sich, so dass sich ein Großteil der Unterhaltungen um sie drehte. Meine Großmutter schwor, dass genau dies die Absicht war.

Bauzi war damals eine Ausnahme und wurde von allen Gästen als irgendwie reizende Extravaganz meiner Großmutter betrachtet. Aber mittlerweile sind Hunde ein ernsthaft zu kalkulierender Faktor bei Einladungen geworden. Ich erinnere mich sehr gut an den Golden Retriever einer Freundin, der fest davon überzeugt war, die ganze Welt sei sein IKEA-Spielparadies. Meine Freundin brachte Drago zu einem großen Empfang in einem eleganten Garten mit; er passte mit seinem langen blonden Haar auch sehr hübsch in das Ambiente. Kaum angekommen, sprang Drago begeistert in den hellblauen Pool (ohne sich um eine Badehose Gedanken zu machen), schüttelte sich anschließend auf dem Rasen und schoss, begeistert von der Stimmung, die er ausgelöst hatte, ins Haus auf die hellen Sofas und hinterließ nasse Pfoten und Grasschnitt darauf. Dann raste er, angefeuert von den Gästen und seiner Herrin, die versuchte, ihn einzufangen, wieder nach draußen und warf mehrere Stühle und ein paar kleine Kinder um. Man wurde seiner erst am Grill habhaft, wo er sich an ein paar Filets hielt, die noch darauf gewartet hatten, gegrillt zu werden.

Das einst freundschaftliche Verhältnis zwischen Dragos Besitzerin und den Gastgebern ist seither merklich abgekühlt.

Schwierig ist auch, wenn Besucher davon ausgehen, dass sie ihren Hund mitbringen können, weil die Gastgeber ihrerseits auch Hunde haben. Meine eigenen Hunde sehen das sogar recht gelassen; sie sind es von Kindesbeinen an gewohnt, dass fremde Hunde sich in ihrem Territorium bewegen. Nur ich habe damit Probleme, wenn die jungen Rüden etwa mein Bett markieren (erst der Besuchshund, dann meine eigenen darüber: Schließlich können sie Fremdurin an dieser Stelle nicht einfach so stehenlassen) und anschließend – wer am höchsten pinkelt hat gewonnen! – noch die Vorhänge im Wohnzimmer. Da endet auch die größte Hundeliebe.

Auf den eigenen Hund ist man als Gastgeber ja noch eingestellt, aber mit fremden Hunden dann doch häufig überfordert. Meine Mutter nimmt es mit gequältem Lächeln hin, wenn ich sie mit vier Hunden besuchen komme, weil ihr eigener Rüde sich über die Abwechslung freut. Und es gab in der Vergangenheit auch immer mal wieder kleine Zwischenfälle: Weil das Haus meiner Mutter so groß ist, dachte mein Windspiel Harry, dass es bestimmt keinem etwas ausmachen würde, wenn er angesichts der winterlichen bayerischen Eiseskälte sein Geschäft im sehr weit entfernten, gemütlich-warmen Kaminzimmer verrichte. Obwohl das Problem längst geklärt wurde, werden seither alle Teppiche weggeräumt, sobald ich mich ankündige. Es ist dann zwar deutlich weniger gemütlich, aber sehr praktisch, keine Frage.

Meine Hunde sind es nicht gewohnt, dass Lebensmittel in Einkaufskörben auf dem Boden stehen, während meine Mutter von ihrem Hund nicht gewohnt ist, dass er die Einkäufe untersucht. Meine schwarze Pudelin Luise stahl eine Rehkeule aus der Speisekammer, die dort in bequemer Kniehöhe zum Auftauen lag, und war gerade im Begriff, das angetaute Ende unter sich und ihren Gefährten aufzuteilen, als meine Mutter vom Einkaufen zurückkam und sie erwischte. Während sie dem schuldbewussten Tier das Abendessen abrang, untersuchte das Windspiel Fritz den Einkaufskorb, der in aller Eile abgestellt worden war, und fand zu seiner großen Freude unter Äpfeln, Zwiebeln und Porree verborgen vierhundert Gramm Roastbeef, das er sogleich verzehrte. Die Zeitungsfrau wiederum stellt die Belieferung meiner Eltern ein, sobald sie mein Auto vor dem Haus geparkt sieht, nachdem ihr eines sehr frühen Morgens gegen vier Uhr im Garten die bellende Luise begegnet war: In der Schwärze der Nacht hielt sie den eigentlich nur bauchwehgeplagten Hund für ein Höllenvieh und arbeitet seither an der Traumabewältigung.

Haben die Gastgeber selbst keinen Hund, sind sie oft unsicher, wie sie sich gegenüber dem Besuchshund als gute Gastgeber erweisen sollen: Einen Hundewassernapf haben sie meist nicht im Haus und schrecken häufig davor zurück, eine Salatschüssel zweckzuentfremden (Hundebesitzer sind da nicht so zimperlich). Wenn der Gasthund sich nicht so benimmt, wie die Gastgeber es von ihm erwarten, kann es eine Freundschaft stark gefährden, wenn sie nicht exakt den richtigen Ton finden. Es gibt eine Geschichte über den verstorbenen Hundefreund Gert Haucke, der an einem stürmischen Herbstabend zu einem Essen bei seinem Verleger nebst Gattin auch seine Englische Bulldogge mitbrachte. Der Hund lag unter dem Tisch und hatte so furchtbare Blähungen, dass es den übrigen Anwesenden schwerfiel weiterzuessen. Ob man den Hund nicht im Garten lassen könne, erkundigte sich der Gastgeber schließlich mit einiger Verzweiflung. »Natürlich nicht«, entgegnete Gert Haucke. »Aber wir können ja alle unser Dessert im Garten nehmen.«

Gute Freunde sprechen Einladungen manchmal sogar explizit »plus 1« aus – in meinem speziellen Fall »plus 4«. Aber selbst dies kann zu Verwicklungen führen.

Kürzlich fiel meinem Hund Fritz bei einer solchen Gelegenheit eine Unregelmäßigkeit bei der Tischordnung auf: Er entdeckte einen leeren Platz neben einer Dame, deren Tischherr etwas verspätet erwartet wurde. Inzwischen gesellschaftlich absolut trittsicher, sprang er anmutig auf den leeren Platz und ließ sich dort mit souveränem Gesichtsausdruck nieder. Er erwartete natürlich nicht, dass ihm ebenfalls Canard de Confit serviert würde, aber er tat sein Bestes, um die Dame neben ihn zu unterhalten; ringelte seine Zunge liebevoll in ihr Ohr, rollte sich auf den Rücken und bot der Nachbarin seinen Bauch zum Kraulen an. Glücklicherweise haaren Windspiele kaum.

Ein bisschen aber doch, wie der fehlende Tischherr nach seiner Ankunft bald feststellen sollte.

Ich habe ihm später eine elegante Karte aus handgeschöpftem Papier geschickt mit einem Foto von Fritz, auf die ich schrieb: »Fritz tut es furchtbar leid, dass er einen so dramatischen Allergieanfall ausgelöst hat – aber wie sollte er das ahnen? Na: Schwamm drüber und bis bald.«

Reich an Hunden – arm an Verstand?

Ich weiß auch nicht genau, wie aus einem Hund vier werden konnten. Die einfachste Antwort wäre: Ich kann großen, dunklen, traurigen Augen nicht widerstehen. Oft helfe ich Freunden, einen Hund für sie zu finden, und bringe mich damit praktisch ständig in Gefahr: Ich kann keinen Züchter, kein Tierheim und kein Tiergeschäft besuchen, ohne mit irgendetwas Lebendem aus der Tür zu gehen (und sei es ein überarbeiteter Tierpfleger). Vor vielen Jahren fand ich in New York eine kleine, fast haarlose Hündin in der Mülltonne, die vor Angst zitterte und bebte, sobald man sie nur ansah. Sollte ich die vielleicht ins Tierheim geben? Acht Wochen lang lebte Paula unter meinem Bett und nahm auch nur dort ihre Mahlzeiten zu sich. Sie beherrschte den Moonwalk besser als Michael Jackson es je gelang; wenn man seinen Gürtel aus der Hose zog, duckte sie sich unter Stühle oder Sofas: Kein Lebewesen lernt so was, weil jemand besonders nett zu ihm ist. Mit den langen, weißen Haaren, die ihr nachwuchsen, wurde sie bald auch mutiger und entwickelte sich zur Diva, die mich auf allen Reisen begleitete. Das ist das Sensationelle an Hunden: Sie sind unglaublich elastisch und stabil. Sie können ihr altes Leben einfach abschütteln. Fröhlichkeit und Vertrauen sind wieder möglich, wenn man Hunden etwas Neues bietet. Oder sie ins Auto setzt: Die Verwandlung ist ungeheuerlich, als wüssten sie, dass es nun vorwärts geht, in ein neues Leben (was ja auch stimmt). Anders als wir Menschen, die wir an unseren schlechten Erfahrungen ein Leben lang festhalten (könnte ja sein, dass wir sie noch brauchen).

In einer Pariser Tierhandlung an der Seine sah ich Paulas Pendant in Grau. Natürlich brauchte ich keinen zweiten Hund. Ich wollte noch mal darüber schlafen. »Na, Kleine?«, fragte ich, »soll ich noch mal wiederkommen?« Sie legte den Kopf schief, als wolle sie sagen: »Ich sitze auf Sägespänen in einem schrecklichen Tiergeschäft ohne Tageslicht, Spielsachen und Artgenossen. Was meinst du wohl?« Also kam sie mit. Manche Hunde sollten nur »auf Durchreise« bei mir bleiben, bis ich ein gutes Zuhause gefunden hatte – aber dann erzählen sie einem ihre Geschichte und werden dadurch hochinteressant, oder sie sind besonders originell, oder einfach liebenswert. Einer dieser Hunde bekam eines Tages ungewollt Welpen, und natürlich blieb einer davon bei mir, fünfzehn Jahre lang.

Meine Pudelinnen waren ein Geschenk – und natürlich sagt man zu so einem Geschenk nicht nein, obwohl irgendeine Stimme im Hinterkopf immer sagt: »Mehr Hunde sind nicht drin, Mrs Doolittle. Völlig überflüssig.« (Oder, wie eine fremde Frau kürzlich zu mir sagte: »Wer so viele Hunde hat, muss ja blöd im Kopf sein!«) Wenn man Ihnen einen Ferrari schenken würde und Sie sich schon immer einen Ferrari gewünscht hätten – würden Sie dann nein sagen, selbst wenn Sie schon ein wirklich gutes Auto besitzen? Na bitte. Wenn man erst einmal zwei Hunde hat, sind alle Schleusen offen: Das mit der Einzelhundhaltung ist ein für allemal vorbei. Noch vor drei Hunden fürchtete ich, eines Tages als »die Hundetante« bekannt zu werden: zu spät. Ich würde es nicht mehr anders wollen. Mir haben meine Hunde viel beigebracht; etwa, dass eine liebevolle Geste eine ganze Kette von Freundlichkeiten auslöst. Das ist gut zu wissen.

Betrunkene Hunde

Das Gute an Hunden im Vergleich zu Kindern ist es, dass man Hunde nicht zum Mathelernen überreden muss, sie freiwillig keine Drogen nehmen und auch nicht auf die Idee kommen, Komasaufen zum Sport zu machen (dass Hundebesitzer ihrerseits manchmal in Ohnmacht fallen, wenn der eigene Hund mit Begeisterung aus der Kloschüssel trinkt, steht auf einem anderen Blatt). Neulich habe ich eine Gruppe Jugendlicher gesehen, die sich unglaublich über den stockbesoffenen jungen Hund amüsierten, den sie dabeihatten. Sie johlten und lachten sich halbkaputt, als der Hund herumtorkelte, hinfiel, mühsam wieder aufstand, in Schlangenlinien herumlief und wieder umkippte. Ich kann kaum beschreiben, wie wütend ich war. Mag sein, dass ich eine Empathie-Psychose habe – aber mir ist es relativ egal, was Menschen sich selber zufügen, aber nie, wenn einem absichtlich Unangenehmes von anderen zugefügt wird. Hunde trinken nicht gerne Alkohol, Punkt. Hunde sind – im Gegensatz zu vielen Menschen – nicht gerne betrunken, der Kontrollverlust über ihre Sinne und Gliedmaßen erfreut sie nicht, sondern beängstigt sie im Gegenteil, und sie können hinterher ihren Kater auch nicht mit Alka-Seltzer kurieren. Wozu ein anderes Wesen absichtlich krank machen?

Ich kenne eine Reihe schokofarbener Labradore, die Guinness heißen und jede Menge Pitbulls namens Budweiser, aber selbst diese Hunde trinken lieber Wasser als Bier. Hunden setzt Alkohol heftig zu. Den Halbstarken mag der Geschmack von Bier ja gefallen, aber ohne die Aussicht, im angetrunkenen Zustand leichter ein Mädchen ansprechen oder mit ihresgleichen darüber schwadronieren zu können, wie viel man verträgt, dürfte auch ihnen der Rausch keinen Spaß machen. Hunde haben wie Kinder genug Phantasie und Lebensfreude, um sich ihre höchstpersönliche Form der Euphorie selbst zusammenzuspinnen. Vergessen Sie nicht, Hunde trinken aus Pfützen und schlammigen Teichgewässern, um ihren Durst zu stillen und sich angemessen hydriert zu halten, und es ist schlicht gefährlich, wenn ein Hund - auch, wenn er Guinness oder Chivas Regal heißt - größere Mengen Alkohol zu sich nimmt, denn: Alkohol dehydriert, könnte die Leber des Hundes schädigen oder ihn auf andere Weise krank machen. Wer es besonders cool oder lustig findet, einen Hund - möglichst noch einen Welpen - betrunken zu machen, sollte einfach mal eine Minute lang über diese Zusammenhänge nachdenken. Falls er dazu noch in der Lage ist.

Die Imelda Marcos der Hundeleinen

Es gehörte einmal echter Mut dazu, einen Hund an einer roten Leine spazieren zu führen. Vor allem, wenn man ein Mann war: Als ich klein war - das muss ungefähr zu Zeiten von Hindenburgs Präsidentschaft gewesen sein - waren die Halsbänder und Leinen der Hunde von Männern (Rauhaardackel, Foxterrier, Schnauzer) aus grünem oder braunem Leder und die der Damen (Pudel, Möpse, Langhaardackel, Bedlington Terrier) grün, gelb oder rot. Als ultimatives Über-Accessoire trug der Damenhund ein farbig passendes Lederherz, in dem des Hündchens Telefonnummer und zwanzig Pfennig steckten, damit Frauchen sogleich vom nächsten öffentlichen Fernsprecher aus darüber informiert werden konnte, wo Flocki steckte.

Mehr Eleganz war nicht drin. Und ich kann mich nicht erinnern, dass sich je ein Hund darüber beklagt hätte.

Der moderne Hund hat längst nicht mehr nur eine Leine fürs Leben: Er hat mindestens eine für den Alltag, dazu noch eine Flexileine sowie eine Leine für besondere Anlässe, zwei Schleppleinen (eine mit vielen Knoten und eine, die immer nass ist und müffelt) und mehrere andere Leinen, die aus verschiedenen Gründen nicht mehr vorzeigbar sind.

Ich selber bin keineswegs von dem Leinentick ausgenommen. Bei mir ist es eher schon ein Leinenzwang: Wahrscheinlich kompensiere ich damit, dass ich nie Gelegenheit hatte, einen Schuhtick zu entwickeln – meine Füße sind zu groß. Stattdessen bin ich die Imelda Marcos der Hundeleinen geworden. Wenn es irgendwo schöne Leinen gibt, finde ich sie. Ob aus besonderem Leder, geflochten, aus Glatt-, Rauh- oder Fettleder, aus Pferdehaar hergestellt, mit Einlegearbeiten versehen, von Tuareg geknüpft – ich habe sie alle zu Hause. Zu meinem vierzigsten Geburtstag schenkte mir mein Bruder, der mich wirklich kennt, nicht etwa Juwelen oder wertvolle Erstausgaben antiker Bücher, sondern zwei geflochtene Leinen von Bottega Veneta. An andere Geschenke kann ich mich nicht einmal mehr erinnern.

Der Satz »Zeige mir deinen Hund, und ich sage dir, wer du bist« hat eine völlig neue Bedeutung bekommen: Wer wirklich etwas über Herr und Hund erfahren möchte – etwa bei einer Zufallsbekanntschaft im Park –, muss nur genauer hinsehen, was die beiden tragen: »Du bist, was du trägst« gilt nicht nur für Banker in dunkelblauem Zwirn und späte Mädchen in Juicy-Fruit-Spielanzügen. Leine und Halsband sind Statussymbole, die zielsicher die Lebensart von Herr und Hund entlarven. Wenn ein Hund an einer Perlenkette spazieren geführt wird, kann man getrost davon ausgehen, dass er sich nur selten in Matsch und unwegsamem Gelände aufhält, sondern eher ein Asphalthund ist, falls er nicht gerade auf dem Weg zu einer offiziellen Einladung ist. Andere Hunde passen farblich immer auffallend gut zum Outfit ihrer Besitzerinnen. Wieder andere - häufig Weimaraner oder Englische Setter, die aber die »Jagd« nur vom Wort »Schnäppchenjagd« kennen - laufen mit edlen Halsbändern herum, die mit unübersehbaren Logos großer italienischer Modefirmen dekoriert sind. Diese Hunde gehören meistens Jungs. Meistens *zwei* Jungs in sehr modischen Klamotten. In Berlin dagegen, der Stadt des modischen Understatements, führt man seinen Hund auch gerne mal am Bademantelgürtel durch Mitte, denn hier gilt es immer wieder zu beweisen, wie intellektuell, künstlerisch und völlig unbeeindruckt von Äußerlichkeiten man ist (in meiner Kindheit hatte mein Onkel zwei Dackel, die »Hey Sie« und »Hallo« hießen. Das Berliner Äquivalent wären zwei Hunde namens »Arm« und »Sexy«).

Die Hunderassen allein reichen nicht mehr aus für menschliche Projektionen; es gehört zwingend das entsprechende Equipment dazu. Ich kenne unglaublich liebenswürdige Pitbulls, die um ihren Hals handtellerbreite Lederhalsbänder mit zwanzig Zentimeter langen, unfreundlich aussehenden Borsten tragen müssen, wodurch sie wirken wie die Höllenhunde römischer Imperatoren, während doch eigentlich nur ihre Besitzer unangenehm sind. Bei jenen, die mit Hundeschamanen heulen und systemische Verstrickungen bei ihren Hunden zu beklagen haben, sind indianische Motive sehr gefragt.

Vorsicht ist dagegen geboten bei sehr plakativen Botschaften. Ein absolutes Musthave sind momentan die Geschirre, an denen man per Klettverschluss launige Botschaften anbringen kann: Eine Art »Lasst Blumen sprechen«, bloß per Hund. Auf manchen Hunden steht dann »Flohtaxi«, »Alarmanlage«, »Kampfschmuser« oder »Biotonne«. Was für Träume und Wünsche den Mann umtreiben, der auf seinen Hund »Sexmaschine« klebt, ist keine Quizfrage, während eine Frau, auf deren Hund »Du bist ein Teil von mir« steht, sich selbst jegliche Chancen auf einen heißen Parkflirt gründlich verdirbt. Aber was ist von jemandem zu halten, der seinen besten Freund mit dem Etikett »Dumpfbacke« versieht?

Manchmal ist weniger vielleicht doch mehr.

Mit der Bahn zu Kublai Khan

Ich bin einfach leichtgläubig. Ich dachte wirklich, mit dem Abschied von Herrn Mehdorn habe sich bei der Deutschen Bahn einiges geändert. Stattdessen bleibt Reisen mit der Bahn, was es immer war: ein ungeahntes Abenteuer.

Ich musste mit meiner schwarzen Pudelin Luise und meinem Windspiel Harry nach Köln fahren. Mir wurde eine Fahrkarte erster Klasse gebucht, dazu eine Kinderfahrkarte für Luise, was einen Gesamtpreis ergab, der ungefähr meiner halben Monatsmiete entsprach. Anspruch auf einen Sitzplatz hat der Hund dadurch übrigens nicht, nicht einmal auf ausreichend Platz, und wenn sich ein Mitreisender durch die Anwesenheit des Hundes gestört fühlt, ist der Hundebesitzer verpflichtet, das Feld zu räumen. Harry dagegen fuhr gratis, denn er hat »Katzengröße« und passt in eine Tasche, was ihm – bzw. mir – ersparte, eine extra Fahrkarte kaufen zu müssen.

Die Bahn macht ja gerne auf effizient und ließ mich das Ticket per Auftragsnummer am Automaten abholen. Die Hundefahrkarte rückte die Maschine allerdings nicht heraus, und leider hatte ich keine Zeit mehr, mit ihr zu diskutieren. Nach einer Stunde Zugfahrt tauchte der Schaffner an meinem Platz auf und erklärte mir, dass nur ein Teil des Zuges bis zum Kölner Hauptbahnhof fahre – der Teil, in dem die Bahn meinen Platz reserviert hatte, gehöre leider nicht dazu: Ich solle mich bitte am anderen Ende des Zuges in die erste Klasse setzen. Ich stapfte mit Gepäck und Hunden im Schlepptau durch zehn Waggons, die in jeder Hinsicht an halbgeöffnete Sardinenbüchsen im Hochsommer erinnerten. Als an meinem neuen Platz mein Fahrschein kontrolliert wurde, erklärte ich dem Schaffner das Automatenproblem und hielt ihm zur Beruhigung die Kreditkartenabrechnung des Reisebüros hin, aus der ersichtlich war, dass die beiden vollständig bezahlten Fahrkarten unter angegebener Auftragsnummer abzuholen gewesen wären. Der Schaffner kannte kein Pardon, oder er konnte nicht lesen, verlangte aber den Erwerb einer weiteren Fahrkarte, was ich verweigerte. Daraufhin hielt er den Vorgang samt meiner Personalien auf seinem Handcomputer fest, einem Gerät aus den Achtzigerjahren, was die Sache gefühlte Stunden dauern ließ. Er war unglaublich schlechtgelaunt. Das Personal der Deutschen Bahn ist schlicht überfordert mit der Beförderung von Passagieren. Das Leben wäre viel einfacher für sie, wenn Bahnreisende einfach zu Hause blieben.

Der Zug fuhr dann doch nicht zum Kölner Hauptbahnhof – er konnte »aus technischen Gründen« nicht geteilt werden –, sondern entließ die Passagiere mit dreiunddreißig Minuten Verspätung in Deutz, das zwar bereits seit 1888 ein Stadtteil von Köln ist, aber eben nicht den Hauptbahnhof beherbergt.

Die Rückfahrt von Köln nach Berlin verlief deutlich entspannter: Der Zug war ungeteilt und fuhr geradwegs auf Berlin zu, nur gab es dann aufgrund einer »technischen Störung« massive Verspätungen. Bei jeder Haltestelle wurden diese Verspätungen und ALLE Züge, die verpasst worden waren, per Lautsprecher genau durchgegeben, und zwar auch in einem so grauenhaft akzentuierten Englisch, wie man es nur aus völlig überzogenen englischen Witzen kennt. Wir erreichten Berlin mit sechsundvierzig Minuten Verspätung. Die technische Störung, erfuhren wir irgendwann, sei ein »Kabeldiebstahl« gewesen.

Ja, klar.

Am Bahnsteig in Berlin dachte ich an Marco Polo, der es im 13. Jahrhundert trotz unglaublicher Widrigkeiten schaffte, Persien zu durchqueren, die Hochebene des Pamir-Gebirges zu erklimmen und die verbotenen Regionen von Kashgar und Yarkand, das Reich von Khotan und die Wüste Gobi zu bereisen, bevor er Kublai Khans legendären Palast in Shangtu erreichte. Die Deutsche Bahn gab es zum Glück noch nicht. Mit ihr wäre Marco Polo nie angekommen. Aus technischen Gründen.

Kindchenschema

Eine starke Frau kann alles erreichen mit einem guten Hund an ihrer Seite. Ich könnte meine ganze Lebensgeschichte anhand der Hunde in meinem Leben erzählen: Sie haben mich gelehrt, wie man jemanden liebt, ohne Erwartungen an ihn zu stellen, und was Trennungen bedeuten. Wir versuchen, das geliebte Tier zu ersetzen, aber so richtig gelingt das nie: Man kann den einen Hund nicht durch einen neuen ersetzen; aber dafür macht der neue unser Herz noch größer und weiter. Wenn man viele Hunde in seinem Leben geliebt hat, bekommt man ein sehr großes Herz. Wenn man viele Männer in seinem Leben geliebt hat, passiert mit dem Herzen etwas ganz anderes.

Hunde haben mir beigebracht, dass fast nichts grauslich oder ekelhaft ist, wenn man jemanden liebt, keine Gerüche, keine Überbleibsel von irgendwas. Lange, bevor ich irgendetwas mit Babys zu tun hatte, wusste ich schon, dass einem die Exkremente von einem Lebewesen, das man liebt, tatsächlich überhaupt nichts ausmachen.

Meine Mutter erzählt, ich habe schon als Kleinkind im Kinderwagen jeden Hund in der Umgebung ausmachen können, bevor ich ihn überhaupt gesehen hatte – so, wie unser Kindermädchen jeden halbwegs attraktiven Mann wahrnahm, bevor er sich überhaupt umgedreht hatte. Ich fand nichts schöner, als mit dem Kinderwagen auszufahren, weil ich wusste, die Welt da draußen war voller Hunde. Mein Kindermädchen und meine Mutter konnten das nicht verstehen, diese Art der totalen Liebe war ihnen völlig fremd. Außerdem machte es sie nervös, wenn fremde Hunde auf meinen Kinderwagen zustürmten, um mich zu begrüßen, grinsend, zottelig, die großen Pfoten quer über meinen Kinderwagen streckend, und mich mit einem beiläufigen, nassen Zungenkuss begeisterten.

Später habe ich gelernt, dass die besten Zungenküsse nicht ganz so nass sind, und auch am besten nicht von Hunden. Trotzdem: Wenn andere Mädchen von einem eigenen Haus und Kindern träumten, stellte ich mir einen großen Hof mit vielen gutgelaunten Hunden vor. Ich hatte lange Zeit keinen eigenen Hund und war zwar nicht nachweisbar unglücklich, stellte mir aber trotzdem immer vor, wie schön das Leben mit Hund sein würde. Ich hatte allerdings keine Ahnung, *wie* viel besser das Leben mit einem eigenen Hund ist. Der erste ganz eigene war ein Mischling aus Setter und Husky, Elsa. Ich schleppte sie überall mit hin, selbst ins Kino (natürlich nie in Action-, nur in französische Autorenfilme). »Du wärst eine wunderbare Mutter«, sagte meine Tante. Ich war siebzehn. Eine Mutter? Für ein Kind? Ich wollte immer nur einen Hund. Oder drei. Ich habe auch nie sehnsüchtig in fremde Kinderwagen geschaut – dagegen aber oft hinter fremden Hunden her.

Aber als Frau im gebärfähigen Alter bin ich eine wandelnde Projektionsfläche für anderer Leute Küchenpsychologie. Niemand betrachtet einen Mann in meinem Alter mit einem Labrador und denkt laut: »Die Art, wie der Typ seinem Hund den Ball zuwirft – typischer Fall von Kinderwunsch-Kompensation!« Schließlich ist der Hund des Mannes bester Freund, sein Kamerad, sein Kumpel. Eine Frau mit Hund dagegen sublimiert natürlich. Ich möchte deutlich betonen, dass ich NICHT in Babysprache mit meinen Hunden rede und auch niemals rufe: »Harry, komm zu Mama!« Aber selbst wenn man explizit erklärt, KEIN Kind zu wollen, nicken die Leute nur wissend und sagen: »Jaja, warte du nur, du wirst schon sehen. Wenn du erst ein Kind hast, brauchst du auch keine Hunde mehr.« Irgendwie muss hier eine Verwechslung vorliegen: Sieht denn niemand, dass es ziemlich deutliche Unterschiede gibt zwischen Kindern und Hunden? Man kann ein Kind nicht mit einer Kaurolle alleine zu Hause lassen, wenn man ins Kino geht. Und es ist etwas völlig anderes, ob man mit einem kleinen Kind im Wald spazieren geht oder mit einem Hund. Und das nicht nur wegen der unterschiedlich langen Strecken, die man dabei schafft.

Die meisten Leute, die ich mit ihren Hunden beobachte, sind unglaublich stolz auf sie – auf die Art, wie sie rennen, wie sie Frisbees fangen, wie nett sie gucken oder dass sie Bälle aus dem tiefsten Wasser apportieren. Selbst wenn ihre Hunde sich irgendwie enttäuschend benehmen, sehen Hundebesitzer schnell darüber hinweg. Ich wollte immer lernen, jemanden auf die gleiche Art zu lieben, wie wir unsere Hunde lieben, mit genauso viel Stolz und Hingabe und totaler Amnesie, was die Unzulänglichkeiten des anderen betrifft. Ich wollte immer schon andere so lieben, wie unsere Hunde uns lieben.

Ich bin sicher, dass manche Leute sich einen Hund anschaffen, wenn sie sich eigentlich ein Baby wünschen. Aber ich frage mich, ob es nicht auch eine Menge Leute gibt, die ein Baby bekommen, wenn sie eigentlich einen Hund gebraucht hätten.

Und dann hau ich mit dem Hämmerchen …

Kürzlich fiel mir eine einfache Methode ein, wie man das Drogenproblem in diesem Land in den Griff bekommen könnte. Ich kam darauf, als ich Hundefutter verteilen wollte. Auf Reisen mache ich es mir etwas leichter als zu Hause und nutze ein ganz altes Hundefutterrezept, das seit Generationen überliefert wird und wie folgt lautet:

Kaufen Sie eine Dose Hundefutter.

Öffnen Sie die Dose.

Ich kann Sie amüsiert kichern hören da draußen. »Sie glaubt wirklich, sie kann an ein Produkt gelangen, das durch moderne Verpackungsmethoden geschützt wurde? Hihihi!«

Ich gebe zu: Ich habe meine Lektion gelernt. Hundefutter in Dosen gehört nämlich zu der wachsenden Gruppe der Konsumgüter, die zu IHREM EIGENEN SCHUTZ so verpackt sind, dass man sie nicht öffnen kann, wenn man gerade keine Laserkanone zur Hand hat. Dosen haben heutzutage kleine Laschen an der Oberseite, die man mit einer bestimmten Handbewegung hochklappen muss, um den ganzen Dosendeckel nach hinten biegen und somit öffnen zu können. Klingt leicht. Außer, die Lasche bricht ab: Dann geht gar nichts mehr. Mit einem klassischen Dosenöffner geht die Dose jedenfalls nicht auf, weil sie so gestanzt ist, dass der Dosenöffner nur Löcher verursacht. Durch das Drehen und Wenden der Dose erwärmt sich der Inhalt derart, dass, wenn man schließlich einen Hammer und eine Zange zu Hilfe nimmt, der Inhalt fontänenartig herausschießt. Die Hunde müssen sich dann artgerecht ihr Futter in der Küche selber zusammensuchen, der Mensch darf anschließend renovieren.

Der Verpackungstrend startete vor Jahren mit elektronischen Verbrauchsprodukten, die aus Gründen des Diebstahlschutzes grundsätzlich so in Plastik verschweißt wurden, dass es auch dem rechtmäßigen Besitzer unmöglich war, an die jeweiligen Batterien oder Chipkarten zu gelangen. Das ist zwar schön für die Nachwelt, die später anhand plastifizierter Kopfhörer wird erkennen können, wie das Leben früher mal war, testet aber die Stressresistenz heutiger Konsumenten über Gebühr.

Nehmen Sie CDs. Früher bewahrte man Tonträger in Pappumschlägen auf – fragen Sie Ihre Großeltern! –, die man bequem schräg halten konnte, worauf die Schallplatte herausrutschte und man sie vorsichtig auf den Plattenspieler legen und anschließend Musik hören konnte (für Leser unter dreißig: siehe auch http://de.wikipedia.org/wiki/Plattenspieler) – vom Auspacken bis zum Hören vergingen nur wenige Sekunden. Heutzutage sind CDs mit Zellophanfolie so verpackt, dass es gefühlt mehrere Stunden dauert, bis man die Verpackung aufbekommt. An Tagen, an denen man sich eine neue CD gekauft hat, nimmt man sich am besten den Nachmittag frei. Ganz früher hatten diese Hüllen einen eingearbeiteten Aufreißfaden. Das änderte sich, als die Elektronikmärkte entdeckten, dass bestimmte Käufer dieses Schlupfloch nutzten, um die gekauften CDs auszupacken und tatsächlich anzuhören. Heutzutage benehmen sich CD-Verpackungen ungefähr so wie Insekten in Naturfilmen: Sie verteidigen sich gegen Zugriffe der Konsumenten über ein mehrstufiges Sicherheitssystem. Zuerst muss man das magnetische Sicherheitssiegel entfernen, das einen daran hindert, überhaupt an die Verpackung zu kommen, anschließend die Verschweißung der Kartonage öffnen und die Pappe entfernen, mit der die verpackte CD geschützt wird. Im unwahrscheinlichen Fall, dass dies gelingt, kommt nun der schwierige Teil: Die Plastikfolie lässt sich nicht entfernen, weil sie aus dem gleichen undurchdringlichen Material besteht, mit dem man Raumschiffe am Wiedereintritt in die Atmosphäre hindert. Man versucht es mit Brieföffnern, dann mit Schlüsseln, zum Schluss mit einem scharfen Obstmesser. Wenn man das geschafft hat, ohne sich die Finger abzuschneiden, ist die CD, der man mittlerweile sehr nahe ist, mit unsichtbaren Klebestreifen so zugeklebt, dass die Plastikhülle beim Öffnen zerbricht. Man muss sich also einen alternativen Aufbewahrungsort überlegen, bevor man die CD überhaupt zum ersten Mal gehört hat.

Während ich die Reste des Hundefutters von der Küchendecke wischte, kam mir also die Idee: Um das nationale Drogenproblem zu lösen, müsste man Drogen legalisieren und in Supermärkten verkaufen, die dann nach der Verpackungsordnung für allgemeine Konsumgüter oder speziell elektronische Waren verpackt werden. Diese Mühe macht sich kein Mensch auf Dauer und regelmäßig. Selbst, wenn sie nicht in der Lage wären, die Verpackung zu öffnen, würden Drogensüchtige die wichtige Information bekommen, dass sie nur 0,004 Prozent ihres täglichen durchschnittlichen Nährwertbedarfs an Ballaststoffen erhalten, wenn sie das Produkt konsumieren. Das ist nur einer der vielen Vorteile, die wir als Bewohner des modernen Konsumentenparadieses genießen dürfen. Ich würde jetzt gerne etwas Musik zur Entspannung hören.

Mein Hund, mein besseres Ich

Wer einen Hund hat, muss keine Bücher über *Das Kind in uns* oder *Das Innere Kind in dir: Ein Reiseführer zu sich selbst* lesen, um sich selbst zu finden. Ein Hund ist sozusagen unser Inneres Kind in kanider Form. Hunde benehmen sich genau so, wie wir uns benehmen würden, wenn uns nicht immerzu irgendetwas peinlich wäre. Ich meine, mal abgesehen davon, dass sie sich ständig gegenseitig am Hinterteil riechen.

Neulich früh war ich im Park, als ein Mann auf mich zukam und mir mit erhobener Stimme einen Vortrag darüber hielt, dass es störe, wenn meine Hunde beim Ballspielen bellten und ich sei phänomenal egoistisch, wenn ich das nicht unterbinde. Mein großer schwarzer Pudel Luise fing an, ihn anzustarren und ließ ein ziemlich gemeines Knurren ertönen. Sie schätzt es nicht, wenn ich angeschnauzt werde. Dann stellte sie sich zwischen den Mann und mich, aber sein Tonfall wurde noch immer nicht sanfter. Dann kam mein Fünf-Kilo-Hund (im Advent sind es vielleicht auch mal sieben Kilo) Harry, baute sich vor dem Mann auf und fletschte die Zähne. Der Mann tat tapfer und brüllte »HEY!«. Dann drehte er sich um und machte, dass er wegkam. Ich wäre auch gerne wie meine Hunde. Ich will Leute, die mir blöd kommen, auch böse anstarren, meine Zähne fletschen und zusehen, wie sie vor mir weglaufen.

Ich würde z. B. nie zugeben, dass ich Angst vor Ärzten habe. Ich glaube, diese Angst geht zurück bis in meine Kindheit, als Ärzte jede kleine physische Beeinträchtigung inklusive Kurzsichtigkeit oder Gehirnerschütterung mit einer Tetanusspritze behandelten. Wobei sie immer sagten: »Tut überhaupt nicht weh!«, bevor sie mich mit einer Nadel in der Größe einer Harpune traktierten.

Als Erwachsener habe ich meine Arztphobie natürlich überwunden, denn als Erwachsener kann man lügen. »Ich hatte heute schon eine Tetanusimpfung!«, krähe ich, sollte die Frage aufkommen. »Sogar drei!« Aber ich bin natürlich freundlich, amüsant und charmant zu meinen Ärzten; ich will, dass sie mich mögen. Nicht auszudenken, was sie sonst mit mir anstellen würden.

Mein Hund Fritz lässt es gar nicht erst so weit kommen. Er will von Tierärzten nicht gemocht werden: Er will mit ihnen nichts zu tun haben und hat kein Problem damit, ihnen diese Haltung deutlich zu zeigen. Auf dem Tisch des Tierarztes wird Fritz zum wütenden Tiger, dessen sieben Kilo Körpergewicht nicht von drei Helfern gebändigt werden können. Damit sein Herz abgehört werden kann, muss ich Fritz auf dem Arm halten, während die Tierarzthelferin ihm hinter meinem Rücken lustige Sachen erzählt und der Tierarzt mir am Bauch herumfummelt, um praktisch unbemerkt von Fritz irgendwie dessen Herz abzuhören. Wenn Sie ein echtes Ärztedrama erleben wollen, können Sie sich Serien wie *ER – Die Notaufnahme* sparen und einfach mal mitkommen, wenn Fritz eine Spritze kriegt oder geimpft werden soll: Mit einem Spray wird die Stelle lokal betäubt, wo die Nadel gesetzt werden wird, dann wird Fritz ein Maulkorb umgebunden und er wird von mindestens zwei Leuten festgehalten. Anschließend brauchen alle Beteiligten zwei Wochen Ferien.

Und welcher Hund sind Sie?

»Zeige mir deinen Hund, und ich sage dir, wer du bist«, sagt ein altes Sprichwort, und die meisten Leute, die ich kenne, glauben daran. Hunde müssen wirklich einiges über sich ergehen lassen: Sie werden als Familienmitglied betrachtet, zur Arbeit eingesetzt, instrumentalisiert und zum Accessoire der menschlichen Selbstinszenierung degradiert, verhöhnt und verspottet. Gleichzeitig sind sie soziale Katalysatoren: Zahlreiche Studien belegen, dass Menschen mit Hund öfter gegrüßt bzw. angesprochen werden, als wenn sie ohne Hund spazieren gehen (was ich aus meiner täglichen persönlichen Erfahrung heraus bestätigen kann), und wahrscheinlich gelten Hundebesitzer darum auch als kommunikativer. Hunde bieten immer ein Gesprächsthema, und gerade das entspricht dem sozialen Wesen Mensch doch viel mehr, als das stumme Aneinander-Vorbeigehen.

Gedanken, Wünsche und Emotionen werden durch den Hund personifiziert, und der Hund wird als eine Art Symbol für den Menschen betrachtet, der am anderen Ende der Leine hängt. Passen Sie also bloß auf, von welchem Hund Sie sich begleiten lassen: Gegen so viel Meinung kommt man kaum an. Sie führen einen **Yorkshire Terrier** mit sich? Dann unterstellt man Ihnen, dass Sie schnell mal zurückkläffen und möglicherweise auch mal zuschnappen. Wie Ihr Hund. Halter von **Labradoren** gelten als Feld-, Wald- und Wiesenmenschen, loyal und unkompliziert, mit Geländewagen und Gummistiefeln darin. **Terrier**besitzer? Haben ihren ganz eigenen Sturschädel, gleichzeitig aber das Zeug zu einem loyalen, familienorientierten Menschen. Stänkern manchmal herum und lassen sich nichts gefallen. Sie haben einen **Rottweiler**? Dann hält man Sie für einen harten Typen. Loyal. Ein Beschützer, der es nicht leiden kann, wenn man ihn an der Nase herumführt. **Chihuahua**besitzerin? Trägt gerne aufwendige Handtaschen, meist mit Hund darin. Liebt das Gesellschaftsleben mehr als die freie Natur. Trinkt eher Prosecco als Bier. Sie lieben **Beagles**? Sie werden als familienorientiert und ausgesprochen pragmatisch betrachtet. Hohes Toleranzniveau für tiefes, lautes Gebell. Sie haben einen **Golden Retriever**? Dann gelten Sie als Familienmensch mit offenem Haus, jemand, zu dem man jederzeit wegen allem kommen kann. Hohe Schmutz- und Lärmtoleranz. Am liebsten praktische Kleidung. **Berner Sennenhund**? Finanziell abgesichert. Gebildet. Kauft bei Jack Wolfskin und besitzt hochwertige Elektrogeräte. **Malteser**? Sie hätten gerne Kinder oder Enkel. Sie umsorgen alle, die Sie lieben, mit großer Leidenschaft. Faible für Haarpflege und -produkte. **Windhunde**? Elegant, gute Manieren, neurotische Tendenzen. Sanft. Manchmal ein bisschen überheblich. Trinkt nur Wasser aus Flaschen (kein Leitungswasser). Gutgekleidet; gibt viel Geld aus für den Hund. **Zwergschnauzer**: familienorientiert, meist fortgeschritteneren Alters. Liebt alte Werte. Fährt ein praktisches Auto. Sie haben einen **Pudel**? Dann hält man Sie für eine goldige, weißhaarige, ein bisschen altmodische Person. Vielleicht ein bißchen tüdelig. Ihnen kommt nur ein **Mischling** ins Haus? Dann gelten Sie als bodenständig und vorurteilslos, als engagierter Feld-, Wald- und Wiesenmensch und allgemein jemand, den man gerne um sich hat. Sie trinken lieber Bier als Wein.

Kaufen teures Hundespielzeug und praktische Fleecepullover für lange Hundespaziergänge.

Ich persönlich habe also **Pudel**, **Windhunde** und einen **Mischling** aus **Terrier** und **Chihuahua**. Was sagt das über meine Persönlichkeit aus? Jetzt sind Sie dran.

Altern mit Pudel

Meine Pudelin Luise geht straff auf die fünfzig zu. Jedenfalls im übertragenen Sinne: Sie ist kürzlich sieben Jahre alt geworden, was, da ein Hundejahr so viel wie sieben Menschenjahre zählt, ungefähr dem physischen und mentalen Zustand einer Neunundvierzigjährigen entspricht.

Luise teilt dieses Schicksal mit mir. Ich gehe nicht *ganz* so straff auf die fünfzig zu, aber ich kann sie immerhin schon sehen. Von weitem.

Wir sind beide mehr so der mädchenhafte Typ. Neben der Frisur, die an einen explodierten Handfeger erinnert, teilen Luise und ich einen albernen Sinn für Humor, sind zutraulich gegenüber Fremden und haben einen perversen Appetit auf alles, was nicht gut für uns ist. Ich bevorzuge nur eine etwas andere Geschmacksrichtung als Luise.

Luise ist es beneidenswert wurscht, ob sie älter wird. Ihre paar grauen Haare auf dem Rücken interessieren sie nicht im Geringsten. Ich dagegen finde das mit dem Älterwerden nur bedingt lustig, kann mich aber den untrüglichen Anzeichen nicht entziehen: Ich tausche mit Freunden, mit denen ich früher die Nacht durchtanzte, Nummern von guten Orthopäden aus. Neulich erwischte ich mich dabei, wie ich zu der Musik aus den Lautsprechern des Supermarktes mitsummte.

Immerhin bin ich mit diesem Problem nicht allein. Älterwerden ist unter meinen Freunden ein Riesentrend. Ich bin nur nicht sicher, dass wir wirklich schon so weit sind: Die meisten sehen nur so aus wie Erwachsene. Es beunruhigt mich, wenn ich sehe, dass viele der Politiker, in deren Händen mein Schicksal liegt, ein Jahrzehnt jünger sind als ich. Ich meine, hat Philipp Rösler überhaupt schon einen Führerschein? Oder nehmen wir Ärzte und Bankmanager: Ich weiß doch noch, was ich in dem Alter im Kopf hatte. Gott sei Dank fragt mich heute niemand mehr danach.

Einer der traumatischsten Aspekte des Älterwerdens ist die Tatsache, dass wir nicht mehr die Körper von Zwanzigjährigen haben.

Auch Luise musste sich eine Futterumstellung auf ein protein- und fettreduziertes Futter gefallen lassen, obwohl sie nicht zu Cellulitis neigt und an ihrer Taille bisher nichts auszusetzen ist. Es war meinerseits keine Entscheidung aus Neid, sondern prophylaktisch: Zum Älterwerden gehört nämlich auch, dass man immer mehr vergisst. Gesichter? Verschwommen. Namen? Schall und Rauch. Das kommt vor allem daher, dass das Hirn vollgestopft ist mit lauter sinnlosem Zeug aus den vergangenen dreißig Jahren. Ich habe Jahre meines Lebens damit verbracht, Klassiker wie Gotthelf, Kleist, Fontane und Homers komplette *Odyssee* zu lesen: Ich kann mich an kein einziges Wort erinnern. Aber den Vers »Camelia gibt allen Frauen / Sicherheit und Selbstvertrauen« werde ich mit ins Grab nehmen. Das Gute an diesem völlig nutzlosen Erinnerungsvermögen ist allein, dass man an den diversen Fernsehquizshows teilnehmen könnte, deren Konzept es ist, lauter sinnloses Zeug zu fragen, das sich kein Mensch merken sollte.

Die Vergesslichkeit allerdings teilt Luise mit mir. Vorhin bat ich sie, »Sitz!« zu machen. Sie sah mich an, als hätte sie das Wort noch nie gehört.

Was wir aus Liebe tun

Der Unterschied zwischen Katzenmenschen und Hundeleuten ist der, dass Katzen Privatsache, Hunde dagegen eine öffentliche Angelegenheit sind. Um jemandem Ihre Katze vorzustellen, müssen Sie ihn schon in Ihren persönlichen Bereich einladen. Ein Hund dagegen wirkt wie ein zusätzliches Körperteil, eine Prothese, ein Accessoire, kurz: ein Ausdruck Ihres Selbstverständnisses. Mir ist schon nachgesagt worden, ich würde arrogant und unzugänglich wirken, was wahrscheinlich nur mein kläglicher Versuch ist, kultiviert und unabhängig zu erscheinen. Es ist allerdings völlig unmöglich, unzugänglich, unabhängig oder kultiviert auszusehen, während man einem Tross gutgelaunter Hunde durch den Straßenverkehr folgt. Ehrlich gesagt: Wenn man mit Hund spazieren geht, ist man nicht mehr als ein Mittel, durch das der Hund sich der Welt präsentiert.

Luise hat Glück, dass sie so schön ist. Es klingt vielleicht doof, aber es ist nicht leicht, einer so prachtvollen Kreatur jemals böse zu sein. Wenn ich mit ihr spazieren gehe, bekomme ich ein Gefühl dafür, wie es sein muss, mit einem Prominenten verheiratet zu sein. Wildfremde Autofahrer halten an und rufen: »Was für ein schöner Hund!« Ballettregisseure gehen im Park vor ihr auf die Knie und sagen: »Die weiß genau, wie schön sie ist!«, während Luise ihren Divablick in die Ferne gerichtet hält – übrigens nicht, weil sie Zuneigung von Fremden gewohnt ist und sich nicht darum schert, sondern, weil sie den Horizont nach Kaninchen abscannt. Kinder bleiben stehen und wollen sie streicheln, ältere Leute beugen sich zu ihr herunter und sagen immer: »Ein Königspudel! Ich hatte auch einen Königspudel als Kind!« (Ich frage mich manchmal, wo die ganzen Pudel seitdem geblieben sind, ob irgendwann die Botschaft ausgegeben wurde: »Bloß keinen Pudel mehr anschaffen! Neben denen kann man nicht bestehen!«)

Eines Tages sprach mich ein alter Herr an, der einen noch älteren Schnauzer mit sich führte. Er gratulierte mir zu meiner Vierbeiner-Ansammlung und sagte ernst: »Sie machen einem nichts als reinste Freude.« Sein steinalter Hund sah mich aus halbblinden Augen an, Reste von getrocknetem Futter im Bart, hob das Hinterbein und pieselte einen gelben Urinstrahl an sein rechtes Vorderbein. »Reinste Freude« wäre in diesem Fall nicht meine primäre Gefühlsregung gewesen. Aber meine Hunde sind noch jung und vital, und die meiste Zeit machen sie mir wirklich viel Freude, senken meinen Blutdruck und reduzieren meine Stresshormone, lauter Dinge, die der Hundehaltung zugutegehalten werden.

Ich war allerdings doch froh, dass ich keinen Blutdruckmesser am Arm hatte, als mein Reservepudel Ida neulich aus dem Gebüsch kam. Ich will nicht beschreiben, was sie ganz offensichtlich gerade gefressen hatte, aber ich versichere Ihnen: Hundehaufen sind in Großstädten wirklich noch das kleinere Problem.

Meine Pudel haben Augen, bei denen Nofretete blass vor Neid geworden wäre, dafür aber einen perversen Appetit. Hunde mögen ja Aasfresser sein, aber müssen sie in der Auswahl von Aas so völlig wahllos sein? Meine Herzfrequenz vervierfachte sich neulich, als ich bei einem kleinen Spaziergang um den Block bemerkte, dass mein Windspiel Fritz auf irgendwas begeistert herumkaute. Ich klappte seine Kiefer auseinander und zog ein benutztes Kondom aus seinem Maul. Wie kann es sein, dass eine Spezies in ihrer Evolution so unglaublich erfolgreich war, aber nicht versteht, dass es eine blöde Idee ist, Kondome zu fressen?

Seitdem zweifle ich - nicht so sehr daran, ob ein Leben mit Hunden an sich eine gute Idee ist, aber ob ich wirklich in dieser Gegend wohnen bleiben sollte.

Umzug oder: Das schwarze Loch

Ich befinde mich mitten im Umzug. Ich weiß nicht, was mich geritten hat: So etwas Dusseliges wie die Sehnsucht nach einem Garten für die Hunde, nach Natur, nach Wald und Wiesen um mich herum statt Parkplatznot, zerdepperten Flaschen vor der Haustür und nächtlichem Geschrei im Hinterhof. Ich sage Ihnen: Das wiegt die Strapazen eines Umzugs nicht auf.

Ich persönlich habe noch keine Kindsgeburt hinter mir, aber ich habe bereits mehrere im Fernsehen gesehen und würde sagen: Was die körperlichen Schmerzen angeht, ist der Geburtsvorgang ein Spaziergang im Vergleich zu einem Umzug. Eine Geburt ist wenigstens auch irgendwann zu Ende, während ein durchschnittlicher Umzug eine Ewigkeit dauert. Man könnte eine Dokusoap machen über Paar A, das gerade ein Baby bekommt, und Paar B, das gleichzeitig mit seinem Haushalt umzieht – und wenn man ihnen über die Jahre folgt, wird das Baby von Paar A erwachsen, zieht zu Hause aus und gründet selbst eine Familie, während Paar B noch immer Kartons voller Packpapier durchwühlt und nach dem Deckel der Teekanne sucht. Außerdem werden einem bei einer Geburt starke Betäubungsmittel verabreicht. Bei einem Umzug ist niemand so mitfühlend.

Ich bin schon sehr oft umgezogen. Ich kenne überhaupt niemanden, der so oft umzieht wie ich: Glauben Sie mir, ich weiß, wovon ich spreche, wenn ich allen, die umziehen wollen, diesen Rat gebe: TUN SIE ES NICHT! ZÜNDEN SIE IHRE SACHEN EINFACH AN UND GEHEN SIE WEG, OHNE SICH NOCH EINMAL UMZUDREHEN! Ich verspreche Ihnen: Auf lange Sicht ist das die einfachste und beste Lösung.

Stattdessen packt man seine Sachen zusammen und wickelt sie liebevoll einzeln in Papier ein. Das hält man eine Woche oder so durch, bis man eines Tages feststellt, dass man keinerlei Fortschritte macht: In der Wohnung liegt immer noch genauso viel Zeug herum wie an dem Tag, an dem man mit dem Packen anfing, irgendwie kommt es einem sogar so vor, als wäre es mehr als vorher. Man stößt auf Dinge, von denen man schwören könnte, dass man sie schon vor Jahren weggeworfen hat, wie alte Tony-Marshall-Platten und Bücher über den Schlüssel zum Glück, die jetzt hinter Regalen oder ganz hinten im Schrank lauern wie Anthony Perkins in *Psycho*. Irgendwann wird man irre und entschließt sich, einfach alles zu behalten, auch die Gebrauchsanweisungen von Handys, die man schon seit 2001 nicht mehr besitzt. Besser also, man lässt von einem professionellen Umzugsunternehmen packen.

Der große Vorteil ist, dass man sich dann bei jemandem beschweren kann, wenn man feststellt, dass das edle Meißner Porzellan, das seit Generationen in Familienbesitz ist, in Tic-Tac-große Stücke zerbröselt ist und Mayonnaise im Cello klebt. Packer eines Umzugsunternehmens reden wenig und stellen keine Fragen, sondern packen in erstaunlicher Geschwindigkeit alles in Kartons. *Alles.* Sie würden auch gebrauchtes Katzenstreu in einen Karton packen und sorgfältig jedes einzelne Katzenwürstchen in Packpapier wickeln, damit es beim Transport nicht beschädigt wird. Aus diesem Grund ist es sehr wichtig, die Packer bei ihrer Arbeit genau im Blick zu behalten, um Tragödien zu vermeiden. Apropos: Wo ist eigentlich Harry plötzlich abgeblieben? Harry?

Das Grauen hat einen Namen

Ich habe meinen Umzug hinter mir; die Telekom hat mein Flehen, Toben und Zähneklappern erhört und mir einen Internetzugang gelegt, so dass ich mit mehr als einwöchiger Verspätung wieder am gesellschaftlichen Leben teilnehmen kann (obwohl es eigentlich ganz hübsch war, zehn Tage lang offline zu sein – fast wie hitzefrei oder Schulausfall aufgrund von Wasserrohrbruch). Ich bin ins Berliner Umland gezogen – nur zwanzig Kilometer entfernt von Mitte, aber alle Leute tun so, als hätte ich mich nach Hintertupfingen abgesetzt. »Also für mich wäre das ja ganz unmöglich – ich brauche meine Restaurants und meine Cafés in unmittelbarer Nähe«, wird mir kopfschüttelnd versichert – dabei hat ja auch niemand verlangt, dass sie mitkommen. »Ha! Ich gebe dir zwei Jahre, dann bist du wieder in der Stadt! Du wirst völlig vereinsamen!«, prophezeit mir ein anderer. »Auf dem Land ist es doch grau-en-voll! Ich bin auf dem Land aufgewachsen, da will ich NIE WIEDER hin!«, sagt der Nächste. Mir wird erklärt, dass es keinesfalls in Frage käme, mit Teenagern aufs Land zu ziehen, dass man es zu weit ins Büro hätte, oder ins Lieblingsrestaurant, oder zum Flughafen. Das Erstaunliche ist: Alle nehmen meinen Umzug sehr persönlich, nur hat keines ihrer Argumente etwas mit mir zu tun. Ich arbeite zu Hause und fahre in kein Büro; ich habe keine Teenager im Haus, die sich nach Discotheken, Kinos und Einkaufszentren sehnen; ich fahre lieber zwanzig Kilometer ins Restaurant, als täglich dreißig Kilometer mit dem Auto, um mit meinen Hunden vernünftig laufen zu können.

»Na ja, für die Hunde ist es natürlich toll«, kommt dann irgendwann das Zugeständnis. Ich weiß ja auch nicht, was zuerst da war: das Huhn oder das Ei – und so ist das auch mit der Art, wie ich lebe: Habe ich Hunde, weil ich so gerne im Wald bin, oder gehe ich so gerne spazieren, weil ich Hunde habe? Meinen Hunden ist alles recht, Hauptsache, es riecht irgendwie nach Abenteuer. Harry, der Zitteraal von einem Windspiel, genießt die Tatsache, dass hier so wenig Krach auf der Straße ist. Ida versucht, die Grasnarbe abzuhärten, indem sie mit ihren Bällen darüberschlittert, die ich anschließend umgehend neu einsäe; Fritz versenkt mit Begeisterung seine Spielsachen in den tiefen Löchern, die die Gärtner vor unserem Haus gegraben haben. Nur die schwarze Pudelin Luise vermisst die weggeworfenen Döner, Schulbrote und Grillabfälle am Wegrand, die sie seit vielen Jahren von unseren Spaziergängen gewohnt ist. Vielleicht muss ich mit ihr ab und zu wieder in die städtischen Parks fahren: Hunde lieben Rituale. Da sind sie ganz wie Kinder.

Ich dagegen sitze morgens mit meinem Kaffee auf den Stufen, die vom Wohnzimmer in den Garten führen, und hypnotisiere schlaftrunken den neuangelegten Rasen, auf dass er schneller wachse, anschließend gehe ich mit meinen Hunden aus dem Gartentor in den Wald, ohne Auto fahren und anschließend einen Parkplatz suchen zu müssen. Das erste Lebewesen, das ich heute früh erblickte (abgesehen von meinen Hunden), war ein wohlgenährtes Reh, welches bei unserem Anblick träge davontrabte. Das

Letzte, was ich nachts höre, ist kein röhrender BMW vor meinem Fenster, sondern eine Schleiereule, die ihren kleinen Hunger zwischendurch mitteilt.

Von Vereinsamung kann übrigens keine Rede sein: Bisher kam an jedem einzelnen der zehn Tage, die ich hier draußen wohne, andauernd Besuch, der sich auf der Terrasse sonnte, im Wald spazieren ging, Beete anlegte oder Laubfrösche im Gras beobachtete. Und das waren alles Leute, die es auf dem Land grauenvoll finden. Was wird erst, wenn die Naturfreunde kommen?

Der Fragebogen von Marcel Proust – beantwortet von Fritz, dem Italienischen Windspiel

Seit Marcel Proust Ende des 19. Jahrhunderts den berühmten Fragebogen ausfüllte, ist dieser von unzähligen Magazinen und Gazetten kopiert worden und beinahe jedem vorgelegt worden, der eine gewisse gesellschaftliche Bedeutung hat. Warum also nicht auch Fritz? Lesen Sie hier, was das Italienische Windspiel zu sagen hat.

Was ist für Sie das größte Unglück?
Eine Welt ohne Bälle.

Was ist für Sie das vollkommene irdische Glück?
Ein Garten voller Wühlmäuse. Nein, warten Sie: Ein Kalbsknochen, so groß wie ich selbst. Nee, jetzt weiß ich's: Ein Sonntagmorgen im Bett unter der Daunendecke, in eine menschliche Kniekehle eingekuschelt.

Wo möchten Sie leben?
In einer Welt ohne Zäune. Zäune sind wirklich furchtbar: Sie stehen immer genau vor irgendetwas, was man gerade dringend haben will oder wo man unbedingt etwas nachsehen muss. Sehr lästig.

Ihr Hauptcharakterzug?
Mein Charme. Die Tatsache, dass ich immer an die Bedürfnisse von anderen denke – Sie ahnen nicht, wie viele Menschen sich nichts sehnlicher wünschen als einen Hund auf dem Schoß, dessen Bauch sie kraulen können.

Was möchten Sie sein?
Ein bisschen größer und imposanter, etwa in der Größe eines Neufundländers vielleicht.

Ihre Lieblingsheldinnen der Dichtung?
Lassie. Eine echte Märtyrerin – die Ärmste lebte mit echten Idioten zusammen, die sich permanent in furchtbare Situationen brachten und überhaupt nur wegen Lassie das Rentenalter erlebten. Und was war der Dank? Ihr wurde nicht ein einziges Mal ein Ball geworfen. Pfui. Eine der tragischsten Geschichten der Weltliteratur.

Ihr größter Fehler?
Nur einen einzigen Ball in meinem Maul unterbringen zu können.

Welche Fehler entschuldigen Sie am ehesten?
Fehler aus Leidenschaft. Schinken stehlen, weil er so einsam aussieht, und mir dann nichts übriglassen. Katzenfutter fressen und sich anschließend übergeben.

Welche Eigenschaften schätzen Sie bei einem Mann am meisten?
Sein Bedürfnis zu gefallen. Sogar Männer, die wir gerade erst kennenlernen, sind immer ungeheuer bemüht, mit uns vier Hunden gut Freund zu werden, kraulen uns stundenlang, spielen endlos mit uns Ball und werden nie müde, uns bei Katharina über den grünen Klee zu loben.

Ihre Heldin der Wirklichkeit?
Katharina. Sie scheut keine Mühen, uns jeden Tag zweimal frisches Fleisch mit Hüttenkäse, Öl, Ei und anderen Dingen zu servieren. Mit dem Gemüse übertreibt Sie's etwas, da könnte ich gut drauf verzichten. Aber ansonsten ist die Frau top, was Mahlzeiten angeht.

Ihr Held der Geschichte?
Tyras, die Dogge von Otto von Bismarck. Starker Hund, der Weltpolitik machte, als der Reichskanzler ihn 1878 zum Berliner Kongress mitnahm: Konnte den russischen Außenminister und Intimus des Zaren Fürst Gortschakow nicht leiden und zerriss dessen Hosen.

Welche militärischen Leistungen bewundern Sie am meisten?
Als die Windspielhündin Biche Friedrich den Großen in den Schlesischen Krieg begleitete, geriet der König ganz allein auf einen Abweg und wäre fast von Panduren gefangengenommen worden. Aber weil Biche in dem Versteck nicht bellte, konnte er entkommen. Großartig.

Was verabscheuen Sie am meisten?
Regen. Eine wirklich fiese Sache. So was von nass! Das kann einfach nicht gesund sein.

Ihre gegenwärtige Geistesverfassung?
Sehr wach, sehr vergnügt, sehr hungrig.

Ihr Motto?
Nur weil die Schüssel leer ist, heißt das nicht, dass es nichts mehr gibt.

Inhaltsverzeichnis